자연에서 보고 배우는 생명농업

생명농업의 원리와 방법

자연에서 보고 배우는 생명농업

| 정호진 |

차례

여는 마당

첫째 마당 ──────────── 생명농업으로 가는 길

둘째 마당 ──────────── 생명농업 농부로 사는 길

여는 마당

많은 나라 농민들의 요청

——— 생명농업은 어떻게 하는 농업인가?

농사에 대해 조금이라도 관심을 가진 사람들이라면 유기농업, 자연농업, 퍼머컬쳐 혹은 생명농업이라는 용어를 들어본 적이 있을 것이다. 앞의 세 가지 농업에 대해서는 관련 책들이 나와 있어서 어느 정도 그 정의와 방법이 알려져 있다. 그러나 생명농업이라는 용어는 생명의 위기상황이 많이 발생하고 있는 2000년대에 접어들어 생명존중 사상을 생각하는 사람들 사이에서 본격적으로 사용되기 시작했다.

그러다 2003년도에 농촌목회를 하는 목회자들과 정농회원들이 중심이 되어 '한국생명농업포럼'이라는 임의단체를 조직하고 좀 더 본격적인 생명농업에 대한 논의를 전개하기 시작했다. 그 후 2005년 한국생명농업포럼과 세계교회협의회가 주최가 되어 한국 원주 토지문학관에서 세계 각지에서 모인 사람들이 제1회 세계 생명농업포럼을 개최했다. 그로부터 한국생명농업포럼이 중심이 되어 5차(한국, 태국 등)에 걸친 아시아 생명농업포럼도 열었고 양국 간 생명농업포럼도 세 차례(한국-인도네시아, 한국-필리핀, 한국-인도)나 열었다. 지금껏 제법 많은 생명농업포럼이 열렸고 수많은 발표와 특강이 있었지만, 아직도 정작 생명농업이 무엇이며 어떤 정신으로 어떻게 농사짓는 것을 말하는지 명확히 말할 수 있는 이가 드물다.

생명농업이 단지 유기농업처럼 비료와 농약과 제초제 등을 사용하지 않는 농업 정도로 알고 있는 경우가 대부분이다. 따라서 이제 생명농업이 무엇이며, 어떤 정신으로 실천해나가야 하며, 그 방법은 어떻게 되는지를 확실하게 보여줄 필요가 있다. 이미 한국과 아시아와 아프리카의 많은 나라들에서 그런 요청들이 있었다. 말하자면 세계는 생명농업의 원리에 대한 책을 간절히 원하고 있다.

생명농업에 대한 이론과 실천의 경험 살리기

──── 나는 본업 농사꾼으로 살기 시작한 1994년부터 생명농업이라는 용어를 사용하며 농사를 짓거나 농민들을 가르쳐 왔다. 더욱이 2001년부터는 인도와 네팔, 아프리카 말라위 등에서 생명농업에 기초한 행복한 마을만들기 운동

을 전개하며 수많은 농부들에게 생명농업을 가르쳐 오고 있다. 그 결과 생명농업에 대한 이론과 실천의 경험이 내 안에 많이 쌓이게 되었다.

농민교육을 할 때 가능하면 일방적 가르침보다 농민들 스스로가 참여하여 경험도 나누고 올바른 방법을 찾아가도록 돕는 역할을 한다. 토론과 질의응답도 하고 종합토론을 거치면서 생명농업에 대해 깨우쳐가도록 하지만 직접 참여해본 농민들 외에는 제대로 이해하기가 쉽지 않다. 더구나 가난한 나라들의 농민들 중에는 글을 읽거나 쓸 줄도 모르는 경우도 많아 좋은 방법을 알려주어도 한 번 교육으로 실천하기도 쉽지 않다.

따라서 내가 직접 여러 나라를 순회하며 농민교육을 하지 않더라도 좋은 안내서를 발간하여 글을 아는 농민들을 지도자로 훈련시켜 파견한다면 세계 각지에 생명농업이 더 잘 전파될 수 있을 것이다.

좋은 생명농업 안내서가 나온다면

———— 우선 이 땅에서 올곧게 농사지어가며 생명농업에 대한 좀 더 나은 지혜와 지식을 얻고 싶어 했던 수많은 소농민들에게 도움이 될 것이다. 다음으로는 생명농업 운동을 실천하는 여러 나라들의 중간 지도자들에게 도움이 될 것이다. 또한 세계 생명농업포럼의 활성화와 가이드라인을 제공하는 데에도 도움이 되리라 생각한다.

마지막으로는 도시에서 농촌으로 귀농 귀촌을 꿈꾸는 사람들에게도 많은 도움이 될 것이다. 아무쪼록 이 책이 여러 사람들에게 도움이 되고 생명농업 확산운동에 도움이 되기를 바라는 마음 간절하다.

2021년 봄
정호진

| 나의 생명농업을 향한 여정 |

나는 30대에 주로 대학에서 강의를 했다. 그러나 30대 말로 접어들면서 몸과 마음이 모두 지친 나머지 강의를 하며 살아가기에도 힘에 부치는 상황이 되었다. 그래서 휴양 겸 치료를 위해 농촌에서 몇 년을 보낼 생각을 하다가 친구가 오라고 하는 경남 거창으로 내려갔다. 1970년대 초반부터 민주화운동과 환경운동에 관심을 가지고 있던 터에 내 자신의 건강을 지켜가기 위해서라도 친환경 농업 방식으로 텃밭농사를 지으며 살아야겠다는 생각을 하게 되었다.

소설 『복합오염』의 교훈

―――― 그때 나에게 비료와 농약이나 제초제를 절대로 사용하지 않고 농사

를 지어야겠다고 결심하게 만들어준 책이 한 권 있었다. 바로 일본 여성 작가인 아리요시 사와코가 쓴 소설 『복합오염』이란 책이다. 1960년대 중반부터 70년대 중반까지 일본에서 일어난 각종 공해문제와 일본의 농사현실을 다룬 책인데 그 속에는 왜 우리가 절대로 농약이나 비료, 제초제를 사용하지 않아야 하는지, 식품첨가물을 왜 배제해야 하는지, 우리가 앞으로 지구를 위해 어떻게 살아야 하는지 자세히 설명하고 있다. 지구촌의 미래를 위해 정말 중요한 책임에도 불구하고 잘 팔리지 않아 품절이 된 후 재판을 내지 않던 출판사에 연락해 내가 적극적으로 홍보하고 소개할 테니 다시 출판해주기를 요청해서 다시 시중에 나오게 했던 적도 있었다. 1970년대로부터 40여 년이 지난 지금도 그 책을 보면 여전히 우리의 현실에서 자극을 받고 꼭 적용해야 할 내용이 적지 않다는 것을 확인하게 된다.

후쿠오카 마사노부의 책 생명의 농업

——— 1991년 경남 거창으로 삶의 터전을 옮긴 후 텃밭농사로 시작한 농사가 점점 커지게 되면서 한 뙈기로 된 만평 농장을 경영하는 농부가 되었다. 본격적으로 농사를 지을 수밖에 없게 되자 단순한 원칙과 원리를 넘어서 제대로 된 농사방법을 익혀야겠다고 생각하며 책들을 살피기 시작했다. 그때 내 눈에 띈 책이 일본인 농부 후쿠오카 마사보부 선생이 쓴 『생명의 농업』이다. 이 책은 본래 일본에서는 '자연농업'이라는 이름으로 출간되었으나 한국에서 번역본이

나오면서 이미 있던 자연농업이라는 책과 구별하기 위해 '자연농업'으로 이름을 붙인 것 같다.

이 책을 통해 나는 '4무 농법'을 배웠으며 정말 큰 원리를 깨달았다. 그러나 본격적으로 농사를 지으면서 하지 말아야 할 네 가지는 알겠는데 정말로 해야 할 것들이 무엇인지에 대해서는 항상 의문이 남았다. 그 후 내가 생명농업을 발전시켜간 부분이 있다면 바로 4무 농법을 확대한 '7무 농법'과 그 위에 우리 농부들이 꼭 실천하면 좋겠다고 생각한 '10행 농법'이다.

바른 농사를 짓는 이들의 모임인 정농회와 조한규의 자연농업

——— 본업농사를 시작한 뒤 좀 더 친환경농업을 제대로 해가기 위해 농업과 관련된 단체나 전문가를 열심히 찾아다녔다. 그중 하나가 바른 농사를 짓는 이들의 모임인 정농회正農會였다. 정농회는 일본 애농회愛農會를 본받아 기독교 정신에 입각하여 바른 농사를 지어가는 사람들의 모임인데 1년에 두 차례 여름과 겨울 연수회를 가진다. 연수회를 통해 농사짓는 농부들이 좋은 정보를 교환하기도 하고 바른 농사의 정신을 더욱 다지기도 한다. 농사 기술과 관련해서도 나름대로의 통일적 체계를 잘 다질 수 있는 기회가 되기를 희망했지만 벼농사를 제외하고는 뚜렷한 농사방법을 체계적으로 배우고 익힐 수 있는 기회는 드물어서 아쉬웠다.

또 다른 한 곳은 충북 어느 농촌 폐교를 임대해 운영하고 있었던 자연농법 학교였는데 기초 과정과 심화 과정, 전문가 과정으로 나뉘어져 있었다. 기초 과정과 심화 과정을 수료하며 미생물 배양과 확대방법, 식물의 성장주기에 따른 관리법 등 나름 기술적으로 배운 것들이 많았다. 그러나 자연농업이라기보다는 너무 인위적인 농사방법이라는 느낌이 들었고, 각종 농업 부자재를 많이 이용해야 하는 번거로움이 있었다. 그래서 인도나 아프리카 말라위 등에서 현지인들에게 생명농업을 소개할 때는 그들의 삶의 자리에서 쉽게 실천할 수 있는 것들을 중심으로 단순화하고 현지화시키는 방법을 많이 이용했다.

농업의 숨은 성자 김채룡 목사님

——— 내가 열심히 올바른 농업을 배우려고 귀를 쫑긋 세우고 있을 때 알게 된 분이 농업의 숨은 성자 김채룡 목사님이다. 그분은 순환농법과 관련된 많은 지혜와 지식을 가지고 계신 분으로서 그런 지혜를 아낌없이 나누어주려고 애쓴 분이셨다. 배우려는 이들이 있는 곳이면 대가를 바라지 않고 어느 곳이나 달려가서 보통 일주일씩 그 지역에 머무르며 순환농법 전체를 강의해주시고, 버섯재배 시설물을 설계하고 설치하는 일까지 직접 도와주기도 하셨다. 지금 내가 세계를 순회하며 내가 가진 생명농업에 관한 지혜와 지식을 아낌없이 나누어주고 현장지도를 하는 것도 그분을 닮아가는 한 모습일 것이다.

생명농업실천모임의 탄생

――――― 나는 농업과 관련된 대학을 졸업한 적은 없지만 앞서 소개한 분들로부터 올바른 농업 정신과 방법을 배웠다. 이러한 내용을 내가 짓는 농사에 적용해보고 꾸준히 연구하는 과정에서 나는 나름대로 더 진전된 방법들을 터득하고 체계화하기 시작했다. 그러자 내가 농사짓는 농장을 견학하러 오거나 배우러 오는 이들이 제법 많아졌다. 90년대에 귀농이라는 단어가 오르내리기 시작할 때쯤 내가 농사하고 있는 생명누리농장은 전국에 제법 많이 알려지기 시작했다. 귀농을 꿈꾸는 많은 이들이 필수로 거쳐 가는 코스 중 하나가 되었고, 심지어 신혼여행을 우리 농장으로 와서 생명농업 실습을 하고 가는 이들도 있었다.

그때부터 우리 농장만이 아니라 거창과 합천에 있는 젊은 농민들에게 생명농업을 권하기 시작했고 함께 학습하고 연구 발표하는 모임을 만들어 나가기 시작했다. 이렇게 해서 뜻을 같이 하거나 생명농업을 실천하려는 이들이 모여들기 시작했다. 모임의 이름은 '생명농업실천모임'으로 정했다. 매주 혹은 매월 정기적으로 모여 학습도 하고 실천한 경험들을 나누며 서로 발전해가는 모습을 지켜보았다.

전국귀농학교와 연세대학원 생명농업 세미나 지도

――――― 1997년부터는 전국귀농학교와 각 지역 귀농학교들이 생겨나면서 나

는 단골 강사로 불려 다니며 생명농업과 농부의 건강관리에 대한 강의를 했다. 생명농업에 대한 이론적 무장이 된 상태에서 제법 큰 농사를 생명농업으로 실천해가는 모습을 보며 많은 이들이 나의 농사 이야기를 듣고 싶어 했다.

이처럼 생명농업에 관한 전문성이 조금씩 알려지자 연세대학원에서 생명농업 세미나를 필수로 개설해야 하는 상황에서 강사를 구하다 결국 생명농업 학사학위조차 없는 나를 강사로 채용해 세미나 지도를 맡겼다. 대학원생들에게 생명농업 세미나 지도를 하면서 나의 생명농업 이론은 더욱 정교해지고 체계적으로 발전시켜나갈 수 있는 기회가 되었다. 귀농학교 등에서는 다른 강사들도 많기 때문에 내게는 일회성 강의밖에 주어지지 않았지만 대학원 세미나에서는 한 학기가 16주로 구성되어 있어서 최소한 생명농업 관련 주제를 14개로 나눠 상세히 다룰 수 있었다. 대학원생들과 치열한 토론을 거치게 되니 나의 생명농업 이론을 잘 다듬어낼 수 있는 좋은 기회였다.

인도와 말라위 등 해외에서 생명농업 전파

——— 나의 생명농업에 대한 전문성이 조금씩 알려지면서 인도에서 연락이 왔다. 계급사회인 인도의 최하층민인 불가촉천민들 중 농민이 된 사람들에게 유기농업을 지도해줄 수 있는 전문가 한 명을 파견해주면 좋겠다는 연락이 왔는데 내가 가면 좋겠다는 것이다. 처음에는 초대가 별 부담이 없었다. 1년에 한 달씩 5년 정도 가서 지도해주면 좋겠다는 것이었다. 게다가 나를 보내려고

하는 한국 본부에서는 오가는 항공료를 대주고 초대를 하는 인도 본부에서는 체재비를 대주겠다고 하니 결정을 내리기가 어렵지 않았다. 1년에 한 달씩이라면 내가 짓던 한국의 농사에 전혀 지장을 주지 않고도 농한기를 이용해 다녀올 수 있는 그런 수준이었기 때문이다.

그러나 첫 번째 지도 방문에서 현지 농민들과 지도자들을 만나 회의도 하고 생명농업 소개 시간도 가진 뒤 농사 현장을 다니며 지도하는 내 모습을 지켜본 인도의 지도자들이 15일을 함께 보낸 후에 다른 이야기를 꺼내기 시작했다. 내가 그들에게 없어서는 안 될 꼭 필요한 인물이라며 1년에 한 달씩만으로는 안 되겠으니 아예 5년을 통째로 와서 지도해달라는 것이었다. 약간 당혹스럽기는 했지만 가난한 인도 불가촉천민 농민들의 현실을 보며 내 마음도 이미 동하게 되었고, 인도 농촌 청소년들의 해맑은 눈빛들이 특히 나를 사로잡았다. 한국에 돌아온 뒤 잘 만들어가던 생명누리농장이 눈에 밟히기는 했지만 더 큰 세계를 위해 새로운 결단을 내렸다.

아프리카 말라위에서의 생명농업 지도

——— 그 후 인도에서 10년간 생명농업에 기초한 행복한 마을만들기 운동을 전개한 뒤 나의 발걸음은 아프리카 말라위까지 이어졌다. 인도는 초청에 의해 가게 되었지만 말라위는 내가 선택해서 가게 된 나라였다. 말라위를 선택한 것은 아프리카 중에서도 가장 가난한 나라에서 생명농업을 통해 자립

할 뿐 아니라 지구촌을 살리는 일에 희망의 싹을 틔우고 싶었기 때문이다. 5년간 말라위를 비롯하여 아프리카 여러 나라를 눈여겨보면서 지난 15년 동안 (2001~2015) 유엔이 밀레니엄 개발 목표Millennium Development Goals를 설정해 아프리카를 살리려고 애를 썼는데도 불구하고 아프리카의 농업과 생존 상황은 더욱 나빠지게 되었다는 사실에 가슴이 아팠다. 나는 지금도 아프리카를 살릴 수 있는 길은 생명농업을 실천하는 것이라고 확고하게 믿고 있다. 생명농업적 관점에서 세계를 보고 문제를 총체적으로 접근해간다면 아프리카에 희망을 심을 수 있다는 확신이 있다.

아프리카의 빈곤문제는 농업생산성이 낮아서만은 아니다. 가장 중요한 문제는 대부분의 아프리카 나라들에서 아직도 나무를 난방과 식생활의 재료로 사용하는 점이다. 결국 대도시나 중소도시에 진입하는 도로에서 가장 많이 팔리고 있는 것이 장작과 숯이다. 판매와 자가 소비를 위해 나무를 계속 자르다 보니 지난 30년 사이에 아프리카의 산림 중 70%가 사라져버렸다. 많은 나라들에서 살아있는 나무를 자르지 못하게 법으로 금지하자 건기가 되면 몰래 숲과 산에다 불을 질러 많은 나무들을 타 죽게 만드는 일이 비일비재하다. 불에 타 죽은 나무는 합법적으로 잘라도 되기 때문이다. 나무 대신에 사용할 수 있는 대체 에너지를 개발하는 문제를 소홀히 하는 한 아프리카가 잘살게 되는 날을 고대하기는 어려울 것이다.

아프리카 여러 나라에서 나무가 사라지다보니 전반적으로 비가 줄어들었다. 나무는 비를 부른다. 나무가 없는 사막에는 비가 내리지 않지만 울창한 숲이 있는 곳에는 자주 비가 내린다. 나무가 없으면 우기가 되어 비가 많이 내리는 계절이 되어도 비로 내린 물을 잡아두지 못한다. 비가 내리더라도 그 빗물을 잡아둘 저수지나 사방댐 하나 찾아보기 어렵다. 많이 내린 빗물은 순식간에 산과 들의 좋은 흙(표토)을 쓸어가서 땅은 점점 척박해질 수밖에 없다. 큰 비가 온 뒤 2~3일만 지나도 농촌 마을에서는 다시 물을 구하러 먼 길을 다녀올 수밖에 없다.

아프리카에서 대대적으로 나무를 심는 일 못지않게 중요한 것이 대체에너지를 개발하는 일이다. 뿐만 아니라 줄어드는 빗물일지라도 그 빗물을 가두어둘 저수지와 사방댐을 건설하는 일, 집집마다 빗물저장고를 만들어 빗물을 식수와 농업용수로 사용할 수 있게 하는 일이 아프리카를 살리는 희망의 길이다. 나무심기와 대체에너지 개발, 빗물저장고를 만드는 일을 비롯해 생명농업의 원리와 방법을 아프리카 나라들에 전해주고 지도한다면 10년 이내에 아프리카에는 희망의 싹이 보일 것이라 확신한다.

다시 한국과 세계 여러 나라에서
생명농업 전파에 힘쓰며

————— 2001년부터 2016년까지는 주로 인도와 말라위 등 해외에서 생명농업을 전파하는 일에 힘쓰고, 2017~2018년 기간에는 생명누리 사무실 출근이나 해외 출장을 가지 않으면서 일종의 안식년처럼 지냈다. 이렇게 한국에서 보내는 시간이 많아지면서 한국에서의 생명농업에 대해 다시 눈을 돌리게 되었다.

2011년부터 사무실 출근을 위해 서울에 살면서도 베란다를 이용해 꾸준히 텃밭농사를 해오던 터였지만 좀 더 본격적으로 생명농업을 할 수 있는 현장을 찾고 있었다. 그렇게 연결된 곳이 서오릉 근처의 서대문구 도시텃밭이었다. 생명농업 강의와 지도만을 요청받았지만 나에게도 시범적으로 농사지을 땅을 달라고 하여 5평 농사를 시작했다. 비록 작은 땅이지만 생명농업의 원리를 충분히 적용시켜나가니 풀이나 병충해 걱정도 별로 하지 않으면서 여유롭게 농사짓는 새로운 농사법을 익혔고 그 모습을 보기 위하여 찾아오는 이들도 제법 많아지게 되었다.

2019년이 되면서 한국에서의 생명농업 확산운동은 더욱 확대되어 가기 시작했다. 서울시 공익활동 지원사업으로 김포에 800평 땅을 얻어 생명농업 텃밭을 운영하고, 13차에 걸쳐 도시농부학교를 운영했다. 여름과 가을 두 차례 도농상생 일손돕기 프로그램을 하면서 생명농업을 확산시키는 운동도 전개했다. 가양1동 주민센터에서는 24회에 걸친 생명농업 학교를 맡아 강의하고 옥상 텃밭을 운영하면서 생명농업 전체체계를 담은 강의용 워크북을 만들 수 있었다. 서울시 50플러스 서부캠퍼스에서 '친환경 도시농부되기' 강좌를 맡으면서 36강을 위한 생명농업 강의용 워크북까지 선보일 수 있었다.

생명농업 강의용 워크북과
생명농업 안내를 위한 지침서

─────── 강의용 워크북은 나름대로 출간할 의미가 있을 것이다. 4차에 걸친 아시아 생명농업포럼과 한국과 인도, 필리핀, 인도네시아 등 양국 간 생명농업 포럼을 통해 아시아의 많은 농부들을 위한 생명농업 안내서가 필요하다는 요청을 많이 받았고, 그 출간 책임을 맡기도 했다. 강의용 워크북은 강의를 위한 초안이라 핵심 단어들로만 채워져 있어 강의를 듣지 않으면 어려울 수도 있지만, 어느 정도 농업을 이해하는 이들이라면 조금만 안내를 받으면 충분히 이해할 수 있을 것이다. 이제 강의용 워크북을 관련 사진과 영상을 추가하는 등 조금 더 다듬어 한국어로 된 자료집도 내놓고, 영어권과 아시아 여러 나라들의 현지 언어로도 출간하여 검증을 거칠 생각이다.

그에 앞서 기존의 농부만이 아니라 초보 도시농부들과 귀농귀촌 준비자들을 위해서 생명농업에 대한 적절한 안내서가 필요하리란 생각을 하며 생명농업 강의용 워크북을 더욱 쉽게 풀어쓴 책을 내놓는다. 이 책이 나올 수 있도록 함께 검토해준 학습동료들을 비롯해 내가 주관하거나 강의한 생명농업 강좌나 도시농부학교에 참석하여 질의응답과 토론에 성실하게 임해준 많은 이들에게 감사드린다.

첫째 마당

생명농업으로 가는 길

1 　우리는 왜 생명농업을 하는가

이 시대에 다른 많은 선택이 있음에도 굳이 우리가 생명농업을 하려는 이유는
그만큼 절실한 이유가 있기 때문이다. 그 이유가 무엇인지 먼저 스스로 생각해
보면 좋겠다. 그리고 아래에 제시하는 바를 하나씩 살펴보며 자신의 생각과 비
교해보면 생각이 조금씩 더 잘 정리될 것이다.

상업주의적 농업이 판치는 세상

——— 생명농업을 하려는 가장 중요한 이유는 이익에만 집착하는 상업농
의 만연으로 인해 모든 관계들(사람과 사람, 사람과 자연, 자연과 자연 등)과 농사법
이 왜곡되어 있기 때문이다. 아직도 농사규모가 작은 소농민들은 자신의 가족

과 자녀들, 친지를 위한 농사를 짓고 있지만 대부분의 농민들은 상업적인 목적을 위해 농사를 짓는다. 한국 정부의 정책도 농업을 통해 도시 직장인들보다 더 많은 이익을 얻을 수 있도록 상업농에 기초한 전업농을 육성하는 데 심혈을 기울이고 있다.

그러나 농사지어 스스로 먹고 남는 것을 이웃과 나눈다는 개념 자체가 사라져 가고 있다. 결국 농업 속에 담겨진 숭고한 이념이나 가치관은 퇴색하고 오로지 이익을 남기는 돈벌이 농업으로 획일화되어 간다. 우리가 생명농업을 하려는 이유는 농업이 지닌 본래의 가치관을 회복하기 위해서이다.

죽임의 농법으로 인한 땅과 자연의 황폐화

──── 상업적 농업의 대표적인 모습은 농사 편의를 위해 농약과 비료를 대량 살포함으로써 땅과 자연이 황폐화되고 농사를 짓는 농민 자신도 병들어가고 있는 점이다. 나아가 '독'이 담긴 농산물을 먹는 소비자의 생명도 병들어가고 있다. 온갖 성인병이 만연하는 원인 중 하나는 바로 '죽임의 농법'으로 생산된 '독'이 든 농산물을 먹기 때문이다. 농업에 투여하고 있는 대형 농기계의 에너지 소비나 비닐하우스 난방열, 공장식 축산을 위한 냉난방 등은 이 지구를 더욱 뜨거워지게 만든다. 상업적 농업은 땅과 자연만이 아니라 인간과 지구의 생존마저 위협하는 데 일조하고 있는 셈이다. 땅 위와 땅속에 사는 모든 생명체를 존중하고 생산자와 소비자의 생명까지도 사랑하는 생명농업이야말로 죽

임의 농법과 자연의 황폐화를 극복하고 생명 세상을 열어가는 지름길이 될 것이다.

반反 생명적 GMO종자의 확산

——— 많은 농민들은 전통적으로 지켜오던 토종종자를 상실하고 대량 생산을 위하여 유전자를 조작한 종자를 사용한다. 유전자가 조작된 씨앗은 다음 세대에 발아가 되지 않도록 조작되기도 하고, 농사에 필요한 농약과 제초제 비료 등을 모두 GMO종자 회사의 것만을 사용할 수 있게 강제로 조정되어 있다. 따라서 상업적 농사는 점점 더 대규모 종자회사에 예속될 수밖에 없다.

2000년대에 들어와 GMO종자를 생산하는 다국적 기업에 예속된 농민들이 나날이 높아져가는 종자대금과 종자 맞춤형 농약, 비료, 제초제 비용으로 빚을 지게 되어 자살하거나 죽었고 그 수는 수십만에 달한다. 이러한 왜곡된 모습을 바로잡지 않는다면 해마다 자살하게 될 농민들의 수는 점점 더 늘어만 갈 터이다. 세계의 기아를 구한다는 허울 좋은 명분으로 이익에만 집착하며 농민들의 삶의 터전을 송두리째 손아귀에 움켜쥐려고 하는 다국적 종자회사의 의도를 간파하고 토종종자를 지켜내는 운동에 나서는 것이 우리 농민이 살고 세계가 사는 길이다.

생산자와 소비자 사이의 신뢰관계 붕괴

——— 상업적 농업의 가장 큰 문제는 생산자와 소비자 사이에 신뢰관계가 이루어지기 어렵다는 것이다. 이익에 기반을 둔 농사를 짓는 농민은 자신의 생산품에 대한 정보를 소비자에게 다 노출시키기가 어렵다. 자신이 사용하는 종자와 농약과 비료, 제초제 등을 자세히 소개한다면 소비자의 선택을 받기 어렵게 될 것이기 때문에 그런 내용을 감출 수밖에 없다. 관행농업에 기초하여 상업적 영농을 하는 농부는 소비자의 생명보다는 보기에 좋은 상품을 생산하기 위해 과다한 비료와 농약 등을 사용할 수밖에 없다. 그러니 자연히 소비자와 생산자의 신뢰관계는 붕괴되고 겉보기에만 번지르르한 상품이 유통되고 있다. 신뢰관계가 무너져버린 생산자와 소비자의 관계는 이 세상 모든 이들의 관계의 축소판이다. 따라서 생산자와 소비자 사이의 관계를 회복하는 일은 이 세상 모든 이들의 신뢰관계를 회복하는 일과 맞물려 있다고 생각한다. 생산자는 소비자를 내가 생산한 소중한 자식을 아껴주고 사랑해주는 파트너로 생각하고, 소비자는 생산자를 나의 목숨을 진정으로 사랑하며 생명 같은 먹거리를 나누어주는 이로 생각한다면 우리 사회가 더욱 밝아지고 훈훈해질 것이다.

생명농업만이 지구도 살리고
자신과 가족의 생명을 지키는 길

———— 병들어가는 세상을 구하기 위해 우리는 하루라도 속히 더 많은 농민들에게 생명농업을 선택하는 길이 이 지구도 살리고 자신과 가족의 생명을 지키는 일임을 알려주어야 한다. 생명농업만이 농사를 짓는 농부 자신과 가족도 살리고 나아가 지구촌의 밝은 미래도 보장할 수 있는 유일한 길이기 때문이다.

2 자연에서 배우고 자연을 닮아가며 생명을 존중하는 생명농업

그렇다면 생명농업이란 어떤 가치관과 철학적 토대를 가지고 있는 것이며, 어떻게 농사하는 것인지가 궁금할 것이다. 생명농업이란 나름의 정답을 자연에서부터 구한다. 생명농업이라는 방식은 일찍이 없었던 새로운 것이 아니라 수억만 년 전부터 자연이 실천해온 방식을 유심히 살피고 그 자연이 실천하고 있는 방법을 따라 실천하는 방식이다.

겨울철에 숲속을 다녀온 적이 있다. 깊은 산속이 아니라 텃밭과 붙어 있는 야산이다. 텃밭을 걸어가며 유심히 살폈는데 밭에 있는 대부분의 땅들이 얼어 있었다. 작물들이 조금씩 자라고 있는 모습이 있기는 했지만 그런 작물도 다 깡깡 얼었다 햇볕이 나면 녹으며 생존해가는 수준이었다. 그런데 몇몇 나무가 서 있는 숲속을 걸어보니 그곳은 땅이 푹신푹신한 스펀지를 밟는 느낌이었다. 주변 어떤 곳도 얼어 있지 않고 푸슬푸슬한 흙 속에서 다양한 미생물들이 활동

하는 모습을 볼 수 있었다. 바로 이것이 답이 될 수 있다. 농부도 자신이 경작하는 땅을 그렇게 만들면 되는 것이다.

땅갈이를 하지 않는 숲

─── 숲은 숲이 생긴 이래로 지금까지 한 번도 땅갈이를 한 적이 없다. 계속해서 같은 땅을 땅갈이를 하지 않고 그냥 사용하고 있다. 단지 나무들이 자신의 잎을 떨구어 자신의 뿌리 근처에 덮어주고 가끔씩 끈끈이 액을 뿌려 바람에 날려가지 않게 보호를 하는 정도이다. 나무가 자랄수록 가지를 뻗어 새들이나 짐승들이 깃들게 하여 그들이 줄 수 있는 똥이나 오줌을 그곳에 주고갈 수 있게 유인한다. 땅갈이를 하지 않더라도 숲은 이 세상 그 어떤 농부들보다도 흙을 기름지게 만드는 천부의 농부들이다.

우리나라에서 유기농가로 인증을 받으려면 그 농부가 경작하는 땅에 토양검정을 해서 유기물이 5% 이상 함유되어 있는 것을 증명해야 한다. 일반 관행 농가들의 토양은 유기물 함량이 평균 3%에 불과하다. 그에 비해 10년 이상 된 숲의 토양을 조사해보면 유기물 함량의 기본이 10% 이상이다. 일반 농부가 10%이상의 토양을 만들어내려면 10년 동안 정말 많은 노력을 기울여야 한다. 그런데 별로 많이 노력하는 것 같지 않아 보이는 숲은 10년 정도면 쉽게 10% 이상의 옥토를 만들어낼 수 있다. 토양이 비옥할수록 작물의 맛과 향과 영양가는 몇 배로 증가한다.

땅갈이를 하지 않으면 땅속 미생물과 작은 동물 및 지렁이가 살아있는 땅이 된다. 그들이 계속 살아가며 자연적으로 땅갈이를 해준다. 농사를 위해 땅을 매년 혹은 작물을 바꿀 때마다 땅갈이를 하는 것은 철저히 자연과는 유리된 인위적인 방법일 뿐이다. 땅갈이를 해야 하는 중요한 이유 중 하나는 농부들이 매년 제초제와 비료를 많이 사용하기 때문이다. 제초제로 죽이는 풀과 비료 대신 유기물인 퇴비를 더 많이 넣어줘야 땅이 기름진 옥토로 변하게 될 터인데 비료와 제초제로 인해 유기물이 들어가 주지 않으니 땅은 매년 더욱 딱딱하게 변한다. 단단해진 땅은 간단한 농기구로 경작하기에는 힘이 드니 매년 대형 트랙터나 쟁기를 이용해 깊이갈이를 할 수밖에 없는 것이다.

땅갈이를 하지 않고 한 번 만든 두둑을 여러 해 동안 계속 사용하면 여러 가지 이점이 있다. 무엇보다도 땅을 갈고 두둑을 짓고 때로는 풀이나지 못하도록 비닐로 멀칭mulching을 하는 수고와 비용도 절감할 수 있다.

화학비료를 주지 않는 무비료 농업

——— 자연의 숲은 일부러 비료를 주지 않는다. 비료는 완전 무기물 성분이어서 계속 투입할수록 땅을 딱딱하게 만들고 산성화시킨다. 돌가루 성분인 비료를 지속적으로 투입하면 땅이 점점 생명력을 잃는다. 딱딱해진 땅을 부드럽게 만들 수 있는 방법은 오로지 대형 농기계로 땅을 갈아엎고 로터리로 잘게 부수는 방법뿐이다.

대신에 숲은 비료를 주지 않더라도 다양한 식물들이 공생하며 비옥한 땅과 아름다운 숲을 만들어간다. 새로 조성된 척박한 땅에는 그런 땅에 적합한 풀이나 나무가 자라기 시작하고, 흙의 비옥도가 달라질수록 그 땅에 자라는 식물의 내용이 달라지며 잘 적응해간다. 화학비료 대신 숲은 스스로가 지닌 자생력을 이용해 건강한 생태계를 만들어간다. 생명농업도 이러한 숲의 모습과 능력을 닮아가려고 노력한다. 무엇보다도 흙을 비옥하게 만들어가는 일의 중요성을 먼저 생각하고, 작물 스스로가 지닌 자생력을 잘 발휘할 수 있도록 돕는 것이 최선의 길이다.

비료로 키운 작물은 맛과 향과 영양이 현저히 떨어진다. 반면에 잘 가꾼 흙에서 자라난 작물은 그 맛과 향과 영양이 놀라울 정도로 좋아진다. 그 예로 일본에서 '기적의 사과'로 유명한 어느 농부의 땅은 10년 동안 정말 잘 가꾸었더니 유기물 함량이 13% 정도가 되었는데 그가 생산한 사과 한 알은 관행농법으로 지은 사과 40개와 영양이 맞먹는다고 한다. 그래서 제법 비싼 사과가 되었지만 모두 주문에 의해 다 팔려나가서 예약을 하고도 오래 기다려야 한다.

공생농법에 좋은 식물들

———— 자연의 숲속에는 다양한 생물들이 상호공존하고 있다. 햇빛을 많이 필요로 하는 장일성 식물은 하늘로 고개를 내밀고, 햇빛을 싫어하는 식물들은 다른 나무의 그늘에로 몸을 숨긴다. 키 큰 식물과 키 작은 식물이 각자의 자리

를 잘 잡아서 공존하려고 노력한다. 심지어 다른 나무에 의존해서 위로 뻗어가는 식물들도 있다. 자신에게 도움을 주는 그 식물이 죽지 않도록 적절히 보호하며 서로 돕기를 하는 식물들의 모습은 참으로 좋아 보인다.

생명농업의 방법 중에는 자연으로부터 배운 공생농법이 중요하게 자리 잡고 있다. 키가 큰 옥수수나 해바라기와 오이를 같이 심으면 키 큰 식물의 줄기를 타고 오이가 잘 자라서 별도의 지지대를 만들어주지 않아도 된다. 옥수수와 고구마를 함께 심어본 적도 있다. 고구마만 자랄 수 있는 곳에 옥수수를 함께 키워도 서로 방해하지 않고 공생하며 각기 좋은 결실을 얻을 수 있었다. 토마토와 대파를 함께 심어도 좋다. 외두둑인 경우 토마토만 심을 수 있겠지만 80cm 정도로 두둑을 약간만 넓게 만들어 준 후 가운데는 토마토를 심고 양쪽 가 두 줄에는 대파나 쪽파 혹은 부추를 심어도 좋다. 뿌리를 깊게 뻗고 위로 자라는 토마토와 뿌리를 얕게 뻗으며 작은 면적을 차지하고서도 만족하는 파 종류는 서로 돕기의 좋은 예이다. 토마토와 상추, 고추와 배추, 가지와 겨자채, 해바라기와 천년초, 참깨와 상추, 옥수수와 강낭콩, 가지와 파슬리 등도 공생농법에 아주 좋은 작물들이다.

아열대성 기후인 인도의 중산간 지역에서 본 공생농법의 좋은 예를 소개한다. 해발 1200~1600미터 지대에서 잘 자라는 차나무나 커피나무는 단작으로 키우기보다는 약간의 그늘을 필요로 한다. 그래서 사방 20미터 간격으로 소나무의 일종인 침엽수를 심는다. 그러면 해가 이동하는 데 따라서 주변에 있는 차나무나 커피나무에 적당한 그늘이 만들어져 자라는 데 도움이 된다. 그런데 더 가까이 가서 자세히 보니 침엽수 주변에는 줄기식물인 후추나무가 자라고 있었다. 후추나무는 차나무나 커피나무에 아무런 방해가 되지 않고 침엽수를 휘감아 올라가며 스스로 열매를 맺어 잘 자라고 있었다. 오로지 커피나 차나무만 있어야 된다고 생각하는 일반적인 관념을 깨고 세 식물이 공존하는 좋은 사례인 것이다. 차나무가 중심인 농장에서 정작 가장 많은 수입을 올리게 해주는 것은 면적도 가장 적게 차지하고 별로 주목도 받지 못한 후추나무라는 사실이 매우 놀라웠다.

농약을 치지 않아도 스스로 자생력을 가진 농업

———— 도시 주변의 숲이 아닌 자연성이 뛰어난 숲에는 일부러 농약을 치지 않는다. 농약이 없어도 작물들이 건강하기 때문이다. 토양이 건강한 곳에서 자란 작물은 작물도 건강한 편이다. 건강한 작물은 병에도 잘 걸리지 않고 해충에 대한 저항력도 크다. 질소질이 너무 많거나 비료를 많이 주어 산성화된 토양에서 자란 작물은 영양 과다로 인해 질병과 해충에 대한 저항력이 현저히 떨어진다. 그러다 보니 병충해 방제를 위해 열심히 농약을 칠 수밖에 없는 것이다.

숲이 만들어낸 건강한 토양에서 자라는 작물은 스스로 건강하고, 병충해에 대해서도 스스로 이겨낼 수 있는 자생력이 있다. 건강한 사람도 마찬가지다. 일생 동안 단 한 번도 독감이나 질병에 걸리지 않아 병원 문턱에 가본 적이 없는 이들도 있다. 그들의 체액을 조사해보면 자연 면역력을 지닌 약알칼리성 (ph7.3~7.5)일 가능성이 높다. 체액이 약알칼리성이 되면 병균이나 바이러스가

들어와 살 수가 없다. 그들의 체액 속에서는 바이러스나 병균이 살 수가 없으니 주변 사람들이 모두가 독감에 걸리더라도 그들에게는 독감이 올 수가 없다.

생명농업을 하는 농부는 건강한 토양을 지닌 숲처럼 자신이 농사짓는 땅을 건강한 땅으로 만드는 것을 최우선으로 생각한다. 토양이 건강할 때 그 토양에 뿌리내리고 있는 작물도 건강해질 수 있기 때문이다.

농사와 관련된 우리 조상들의 중요한 표현을 보면 이런 말이 나온다. "소농작초小農作草요, 중농작곡中農作穀이요, 상농작토上農作土라." 소농은 언제나 잡초와 씨름하느라 농사를 제대로 짓지 못하는 농부요, 중농은 곡식농사라도 잘 짓는 수준이요, 상농은 땅을 가꿀 줄 알아야 한다는 말이다. 농약을 치지 않고 농사를 잘 지으려면 땅을 건강하게 가꿀 줄 아는 것이 무엇보다도 우선이다. 농부에게는 작물 자체가 스스로 자생력을 높일 수 있도록 건강한 토양을 만들어가는 것이 진정으로 해야 할 일인 것이다.

천적들이 함께 살아가는 숲

──── 자연 속에는 다양한 생물들이 함께 살아간다. 작물에 도움이 되는 생물도 있고, 작물에 부정적 영향을 끼치는 생물도 있다. 그들은 어느 한 생물이 독점적으로 자연을 차지하지 못하도록 서로 견제하며 균형을 잡아나간다. 그 속을 잘 들여다보면 천적들이 있어서 생태계가 왜곡되지 않게 유지해가는 모습을 볼 수 있다.

농부들이 짓는 농사의 일반적인 모습은 한 두둑에 한 작물만 심는 단작 중심의 농업이다. 그에 비해 숲에는 한 가지 종류의 식물만 자라는 경우를 보기 어렵고 다양한 식물들이 함께 자란다. 한 가지 식물만 자라는 숲은 질병이나 천적이 나타났을 때 맥없이 무너질 수 있지만 다양한 생물이 자라며 공생하는 숲은 질병이나 천적에도 강한 면모를 보인다.

  내가 농부로 살아가던 초기에 사과나무 과수원을 임대해서 생명농법으로 농사를 지어가던 적이 있었다. 봄이 되자 예쁜 사과 꽃들이 피어나 온 과수원을 정원으로 만들어주니 너무도 좋았다. 그러나 5월이 되자 사과나무 잎에 온통 진딧물이 끼기 시작하여 사과나무가 점점 죽어가는 모습이 보였다. 주인의 걱정은 이만저만이 아니었다. 내 신념대로 농약과 제초제를 치지 않는 생명농업을 지속해야 할 지 주인의 요구대로 진딧물 방제 농약을 쳐야할 지 고민이 되었다. 결국 두 개의 과수원으로 나눠진 밭이어서 간작을 하지 않았던 1/3쯤 되는 작은 밭에는 농약을 치기로 하고, 사과나무 사이사이에 각종 야채를 심어두었던 2/3 되는 크기의 큰 밭에는 사과나무가 죽는 만큼 변상해주기로 하고 농약을 치지 않았다. 농약을 친 지 한 주 정도가 지났을 때 놀라운 현상이 벌어졌다. 농약을 친 곳보다 안 친 곳의 진딧물이 더 빨리 사라지고 있었다. 그것은 바로 생태계가 살아나며 진딧물의 천적인 무당벌레가 급속하게 퍼져나갔기 때문이다. 맛있는 먹이가 있으니 먼 곳에 있던 무당벌레들이 우리 과수원으로 모두 몰려오기 시작했던 것인데, 농약을 친 곳은 잔재가 남아 있으니 가지 않고 농약을 안 친 과수원에 먼저 나타나 진딧물을 먹어치운 것이다.

  우렁이 농법으로 벼농사를 짓던 때의 경험이다. 관행농법 농부들이 모내기를 한 후 주로 7일째에 벼논에서 풀이 나지 않도록 제초제를 뿌리는 것에 비해 생명농법에서는 7일째에 우렁이를 넣어준다. 그러면 우렁이가 제초제보다도 더 풀의 천적이 되어 풀이 없는 깨끗한 논을 만들어준다. 게다가 우렁이는 6월이 되면 벼에다 빨갛고 알록달록한 알을 까서 마치 벼꽃이 핀 것처럼 예쁜 선물을 준다. 며칠이 지나면 그 우렁이알 묶음에서 우렁이 새끼가 태어나 논으로 보석처럼 떨어져 내리는 것을 보는 것도 정말 장관이다. 벼가 제법 자란 여름이 되면 벼포기마다 쳐져 있는 거미줄이 아침 햇살에 반짝이는 것을 보는 것도 정말 아름답다. 주변의 모든 논들이 농약을 치는데 우리 논만 농약을 안 치니 많은 병충해들이 몰려올 거라고 걱정하는 이들이 많았지만 그런 걱정은 전혀 필요 없다. 거미줄을 쳐두고 벼멸구와 이화명충 등 벼에 잘 오는 해충들이 오기만을 기다리는 거미 덕분에 병충해 걱정 없이 벼는 잘 자라준다.

　숲에는 동물 천적만이 아니라 같은 식물들 사이에도 서로 도움이 되는 상호공생의 작물들이 있다. 가까이 살면서 서로 도움을 주는 작물들이 있기도 하고 병충해를 싫어하여 주변에 오지 못하게 하는 작물들도 있다. 대파의 냄새는 토마토에 끼는 해충을 방제하는 역할을 하고, 들깻잎의 진한 향은 고추를 파먹고 사는 담배나방 애벌레 퇴치에 도움이 된다. 고추의 매운 향은 배춧잎을 먹으러 오는 흰나비 유충이 못 오게 하며, 호박꽃은 참깨의 병충해를 방제해주기도 한다. 양배추나 케일의 잎은 애벌레들이 워낙 좋아해서 배추밭이나 토마토밭에 군데군데 몇 포기씩만 심어두면 병충해 미끼 역할을 톡톡히 해준다.

낙엽이나 풀 덮어주기 농법

──── 숲을 보면 어디에도 맨땅을 보기가 어렵다. 온통 낙엽이나 풀들이 덮여 있기 때문이다. 흙은 자기 기운을 더 많이 내뿜고 싶지만 나무와 식물들이 잎을 떨어뜨려 덮어버리니 흙은 제 기운을 내보이기 어렵다. 오로지 나무의 기운이 온 대지 위에 가득한 것을 볼 수 있다. 그래서 동양철학에서도 보면 나무를 흙의 기운을 억누르는 상극 역할을 한다고 간주한다. 그렇게 덮인 낙엽으로 인해 풀 걱정을 전혀 할 필요가 없다. 호미로는 풀을 이기기 어렵지만 낙엽이나 풀로 작물이 자라는 두둑을 흙이 보이지 않게 덮어두는 것이야말로 잡초를 이기는 최고의 방법이다.

낙엽은 미생물의 집과 먹이 역할을 해준다. 미생물 농법을 잘하는 농장이라고 하여 찾아가 보면 숲에서 미생물을 채집하여 확대 배양해서 퇴비를 만들어 땅속으로 넣어주는 농법을 쓰는 경우가 대부분이다. 흙 속에 들어가 있는 미생물만으로는 많은 미생물이 살아가기가 어렵다. 작물이 자라는 두둑에 흙이 보이지 않도록 낙엽을 10cm 정도만 덮어주기만 하면 수천 배나 많은 미생물이 그것을 집으로 삼고 살아간다. 호미로 풀 한 포기 자라지 못하도록 잘 맨두둑이라 흙만 보이는 밭에 미생물이 잘 살 것인지, 낙엽을 충분히 덮어준 땅에서 미생물이 잘 살 지는 금방 알 수 있다.

낙엽을 잘 덮어주어 미생물이 잘 생활할 수 있게 되면 땅속에는 그 미생물을 먹이로 하는 선충과 선충을 먹고 살아가는 지렁이와 지렁이를 먹고 사는 두더지가 함께 살아가는 공생의 세계가 건설된다. 이처럼 땅속 세계가 미생물과 작은 생명체들이 살아가는 생명세계가 되면 땅은 그야말로 살아있는 땅이 된다. 그때가 되면 대형 농기계로 많은 에너지를 소비하며 땅갈이를 하지 않아도 된다. 대형 기계로 땅갈이를 하더라도 20cm 정도가 고작인데 비해 미생물과 지렁이를 비롯한 작은 동물들이 갈아주는 땅갈이는 기본이 30cm 이상이고 때로는 1m가 넘기도 한다. 땅갈이 수준이 비교가 되지 않을 정도가 되는 것이다. 낙엽을 잘 덮어주어 많은 미생물들을 살게 해주는 것이 바로 땅갈이를 하지 않는 무경운 농법의 토대이다.

자연스러운 농업

——— 숲에서는 많은 일들이 억지로 이루어지지 않고 자연스럽게 이루어진다. 사람들이 인위적으로 조절하고 잘라주지 않더라도 자연이 스스로 잘 다듬어가는 모습이 많이 보인다. 소나무가 자라는 모습을 관찰해보면 많은 것을 느낄 수 있다. 소나무가 어릴 때 뻗는 가지는 짧지만 자랄수록 위로 가면서 조금씩 길어진다. 그 이유는 식물의 상체는 땅 밑 뿌리보다 반경을 넓게 뻗기가 어렵기 때문이다. 위의 줄기와 잎이 무성해지기 위해서는 땅속에 보이지 않는 뿌리가 튼튼해야만 한다. 먼저 뻗은 나뭇가지는 더욱 길어진 윗가지로 인해 점점 햇볕을 받지 못하게 되어 삭정이가 될 수밖에 없다. 자세히 보면 그렇게 삭정이가 된 소나무 가지들을 많이 볼 수 있다. 삭정이가 된 가지는 바람과 비가

정리해준다. 더 굵어진 가지는 많은 눈이 내리면 윗가지에 쌓여 있던 눈이 한 꺼번에 떨어져 내릴 때 정리 된다. 그래서 그것들은 사람이 톱으로 썬 것처럼 반듯하지 않고 삐쭉삐쭉 잘려진 것을 볼 수 있다. 이전에는 나무꾼들이 톱이나 낫으로 잘라주었지만 요즘은 솎아 베는 지역이 아니라면 대부분 자연의 힘에 의존한다.

그늘 속에 숨어 있던 것들도 때가 되거나 햇볕을 받으면 그때부터 기지개를 켜며 자라기 시작한다. 잎이 무성하던 나무들의 잎이 떨어지고 나면 그 사이로 비집고 들어오는 햇살을 받으며 새롭게 자라는 작물들도 있는 것이다. 생명농업에서는 한 두둑에도 키가 크고 작은 작물들을 함께 심기도 한다. 또한 약간의 시차를 두고 심어 놓으면 마치 자연 속에서 자라듯 다양한 작물들이 사이좋게 잘 자라기도 하고, 한 작물이 전성기를 지내고 나면 또 다른 작물이 크게 고개를 내밀기도 한다. 이처럼 계절마다 달라지는 숲속 생명들처럼 생명농업의 현장에서도 다양한 계절 작물들을 만날 수 있다.

땅과 햇볕 등 자연의 힘을 기반으로 하는 농업

———— 숲속 생명체들은 햇빛과 바람과 비와 땅 등 자연의 힘을 이용해 자라며 성장에 필요한 대부분의 에너지를 자연으로부터 얻는다. 햇볕이 지닌 힘을 이용해 탄소동화작용으로 자신의 음식을 만들고, 흙이 지닌 힘과 능력을 바탕으로 자라간다. 흙 속에 있는 작은 생명체들과 협력하여 자신의 농사를 완성

해가는 것이다. 그들은 스스로 잘났다고 자만하지 않고 바람과 햇살, 비와 흙, 흙 속에 있는 미생물과 작은 동물들 덕분에 자신이 생명을 유지하며 자라갈 수 있다는 것을 잘 안다.

인류는 수렵채취 시대로부터 농경시대로 접어들면서 자연이 스스로 하던 농사법을 버리고 땅을 갈고 잡초를 제거하고 영양을 일부러 공급하는 등 덜 자연적인 농사로 전향한 것이 현실이다. 생명농법을 지향하면서 나는 사람의 똥오줌도 자연으로 돌려주고 자연퇴비를 만들어 사용하는 등 자연에 가깝게 농사를 하려고 오랫동안 노력해왔다. 그러나 갈수록 농법은 점점 자연으로부터 멀어져가는 방법으로 변해갔다. 흙이 없어도 농사를 지을 수 있는 수경농법도 나오고, 유기물이 아닌 영양제와 비료만으로 농사를 짓는 방법도 나왔다. 비닐하우스를 이용해 자연의 힘을 거의 배제한 채 인위적으로만 작물을 키우는 방법도 소개되었다. 비닐멀칭을 해서 땅이 숨을 쉴 수 없도록 숨통을 조이는 농법이 만연해가고 있다. 최근에 소개되고 있는 스마트 농법은 어쩌면 자연을 배제하고 인위를 최대화한 농법이 아닐까 싶을 정도다.

생명농업은 자연이 농사의 주체이고 농부는 자연을 돕는 조력자에 불과하다는 것을 안다. 자연의 힘을 잘 이해하고 작물이 잘 자랄 수 있도록 땅에 많은 미생물들과 작은 생명들이 작물과 함께 잘 살아갈 수 있는 환경을 조성해주는 것이 최상의 농법이라고 생각한다. 농사의 가장 중요한 철학과 원리를 자연으로부터 배우고 자연을 닮아가는 농법이 바로 생명농업의 핵심 원리이다.

3   생명농업은 무엇을 거부할까

이제부터 생명농업적 방법은 어떤 것인지 본격적으로 알아가 보려 한다. 생명농업의 방법과 그 원리에 대해서 생각할 때 우리는 두 가지 측면을 고려해야 한다. 하나는 생명농업이 단호히 거부하거나 싫어하는 측면에 대한 것이고, 다른 하나는 적극적으로 받아들이고 실천해가려는 것들이다. 거부하는 항목들을 보면 그에 대한 대안이 생각나게 마련이다. 반복되는 측면이 있겠지만 반복과 반추를 통해 우리가 하려고 하는 생명농업이 어떤 농업인지에 대해 분명한 통찰력을 가지게 될 것이다.

관행농법 농사의 기본 바탕 :
상업주의적 영농

────── 일반 관행농업에서 짓는 농사의 주된 목적은 농사를 통해 이익을 남기려는 상업주의적 영농에 있다. 돈이 되지 않는다면 잘 키운 배추나 양파 밭도 통째로 갈아엎는 경우가 허다하다. 겉보기에는 아니라고 할지 모르지만 내면을 자세히 들여다보면 철저하게 돈을 위해서 수단과 방법을 가리지 않는 모습이 관행농법 속에 담겨 있다.

생명농업은 이익을 남기기 위해 농사하는 마음을 경계한다. 오로지 수익을 남기는 판매만을 위해서 보기에 그럴싸한 상품생산을 하느라고 수단과 방법을 가리지 않는 농업은 지구촌을 사람과 자연이 살 수 없는 죽임의 현장으로 몰아가는 근본 원인이다.

대규모화/거대 단작單作

────── 관행농법에서 가장 중요하게 권장하는 것 중 하나가 바로 대규모의 땅에 같은 작물을 심어 기계화하는 영농방법이다. 일손이 모자라는 농촌에서 편리를 위해 어쩔 수 없이 받아들이고 있지만 대규모로 하는 거대 단작은 많은 문제점을 안고 있다. 전체가 균형 있게 골고루 성장하고 익어가는 것이 아니기

때문에 같은 시기에 기계로 수확하기 위해서 수확 며칠 전에 제초제를 뿌려 작물이 한꺼번에 말라죽게 만든 뒤에 수확하는 모순도 대규모 단작의 폐단이라고 볼 수 있다.

상업적 영농을 위해서 넓은 땅에 오로지 한 가지 작물만을 재배하는 경우 거대한 땅이기에 퇴비사용이 어려워 더 많은 화학비료를 사용한다. 과다 비료 사용으로 토양은 균형이 파괴되고 자연면역력도 상실된다. 면역력이 상실된 땅에서는 병충해가 극성을 부리게 되니 그것을 막기 위해 더 많은 농약을 사용한다. 또한 거대 단작은 시장 가격 변동에 대처하기 어렵다. 다양한 작물을 생산할 때는 적절히 출하를 조절할 수도 있지만 그런 조절이 어려워 시장 가격변동에 좌우될 수밖에 없고 큰 손실을 입을 수도 있다.

기계화/대형 농기계 사용

───── 대형 농기계를 사용하는 것도 관행농법의 전형이다. 대형 농기계를 구입하는 비용도 만만치 않고 그것이 소비하는 연료비용도 보통이 아니다. 수많은 농민들이 꼭 필요하지 않는데도 불구하고 일손을 줄인다는 명목으로 혹은 정부가 지원해주는 지원금에 눈이 어두워 대형 농기계를 구입하고 있다. 구입할 때는 좋았지만 보조금을 제외하고 스스로 갚아야 하는 비용을 갚지 못해 빚에 허덕이는 경우가 허다하다. 또한 농기계 사용이 미숙하거나 사고로 인해

평생 회복하기 어려운 부상에 시달리는 농민들도 적지 않다. 대형 농기계의 폐해는 땅에서도 나타난다. 깊은 땅갈이와 파쇄로 인해서 땅심은 점점 저하되어가고 있다.

과다 에너지 사용

———— 대형 농기계를 사용해야 하는 관행농업에서는 매년 땅갈이를 위해 에너지를 과다하게 쓸 수밖에 없다. 또한 비닐하우스를 만들어 제철이 아닌 작물들을 생산하기 위해서도 과다한 에너지를 사용하고 있다. 농민들이 생산비를 건지기 어려운 이유 중 하나는 자연 에너지가 아닌, 많은 석유 에너지를 사용하다보니 생산비가 너무 많이 들기 때문이다. 상업적인 농법이 중심이 된 현대농법은 추위와 더위를 견디기 위해 많은 에너지를 사용하여 자연을 거스르고 있다. 많은 에너지 소비는 그만큼 많은 비용이 투입되어 생산물의 가격도 높아지게 된다.

생명농업은 자연을 거스르는 과다한 에너지 사용을 거부한다. 햇빛과 바람과 빗물과 흙이 지닌 자연에너지를 중심으로 농사하는 방법을 원한다. 제철에 자연에서 자라나는 작물들은 많은 인위적 에너지를 필요로 하지 않는다. 자연이 제공하는 에너지만으로도 충분히 잘 성장해갈 수 있기 때문이다.

같은 땅에 동일한 작물을 계속 심는 연작連作

———— 관행농업에서는 일반적으로 같은 땅에서 동일한 작물을 여러 해 동안 지속적으로 심는다. 목화를 심는 곳에서는 계속 목화를 심고, 고추나 옥수수를 심는 땅에는 지속적으로 같은 품목을 심는다. 그런 것을 연작이라고 한다. 농부가 아는 것이 그것뿐이기 때문에 그럴 수도 있고, 편리하기 때문일 수도 있다. 그러나 그러한 연작을 계속하다보면 그 작물과 관련된 병충해가 쉽게 발생한다. 병충해 피해가 심해지면 농사를 망치게 되니 병충해 방제를 위해 과다한 농약을 사용할 수밖에 없다. 생명농업에서는 같은 땅에서도 섞어짓기混作을 통해 한 가지 작물만 심어서 오는 피해를 줄이려고 노력하고, 불가피하게 한 가지 작물만을 심어야 할 경우라도 돌려짓기輪作를 통해 연작피해가 오지 않도록 노력한다.

비닐하우스와 두둑에 비닐 씌우기(비닐멀칭)

———— 지금 한국의 들판을 보면 맨흙이 드러난 땅보다 비닐로 덮여진 땅이 더 많다고 할 정도로 비닐하우스와 비닐멀칭이 중심이 된 농사를 짓고 있다. 비닐하우스 안에서 키우는 작물도 역시 땅에는 비닐멀칭을 하고서 재배한다. 마치 비닐이 없으면 농사를 못 짓는 것처럼 여기는 사회가 된 듯하다. 비닐하우스에서 생산하는 작물들은 대체로 제철 작물들이 아니다. 여름철에 나와야

할 수박을 겨울철에 생산해서 비싸게 팔고 있다. 온도가 높아진 여름철에 더위를 잘 견디라고 여름철에 선물로 주어진 수박이었는데 겨울철 추운 계절에 먹게 되니 보약이 아니라 건강 이상을 초래할 해로운 물질이 된다. 겨울철 추운 계절은 농한기로 좀 쉬면서 봄부터 시작될 새해 농사를 구상하고 준비해야 하는데 비닐하우스로 인해 농부들은 겨울철을 쉬지도 못하고 더욱 바쁘게 일에 몰두하게 되니 몸에 무리가 오게 된다.

관행농법에서는 잡초의 발생을 억제하고 땅속 온도를 높여 주기 위해 비닐멀칭을 한다. 비닐로 덮여진 땅은 제대로 숨을 쉬지 못해 질식해가고 있지만 농부의 눈에는 그것이 잘 안 보이는 것 같다. 비닐멀칭으로 인해 뿌리가 제대로 호흡하기 힘들고, 높은 지온으로 뿌리에 화상을 입는 경우도 있다. 뿌리의 생명력이 줄어 11월 말까지도 끝물 고추를 딸 수 있었던 전통농법에 비해 현대농법에서는 10월 말이면 더 이상 고추를 따기 어렵다.

비닐멀칭을 하면 비닐과 자외선의 결합으로 환경호르몬이 발생한다. 환경호르몬은 당연히 인체에 부정적인 영향을 미친다. 또한 재사용이 어렵기 때문에 쓰레기가 되고 비닐을 제대로 수거하지 못하면 환경문제가 발생한다. 새들의 발목이 잘리거나 먹이와 함께 몸속으로 들어간 비닐을 소화하지 못해 많은 동물들이 생명을 잃기도 한다.

특용작물/환금작물 중심

──── 상업주의적 영농에 바탕을 둔 관행농법은 돈벌이가 되지 않는 주곡 생산에는 별로 관심이 없고 돈이 되는 특용작물과 환금성 작물에 더 많이 몰리는 경향이 있다. 자신의 밥상은 농약이나 제초제가 듬뿍 뿌려진 곡물로 차려도 개의치 않고 가끔씩 먹어도 좋은 약초나 특용작물에만 매달리는 것은 참 바보 같은 모습이다. 그러다 보니 몇몇 특용작물이 잘된다고 하면 그 작물에 몰리다 보니 때로는 값이 폭락하여 생산비도 건지기 어려운 상황이 되기도 한다.

자원 불태우기:
풀/곡식부산물/낙엽

──── 관행농법에서는 수많은 농업부산물을 불태우는 경우가 많다. 보리나 밀을 수확한 후에 그 짚을 불태우는 일이 허다하다. 인도나 아프리카에서 본 것이지만 사탕수수를 수확하고 난 뒤에 생겨난 많은 잎을 다음 농사에 방해가 된다면서 다 태워버리는 경우를 많이 보았다. 그것들이 그 땅을 기름지게 만들 수 있는 좋은 자원이 되는데도 그것을 자원으로 여기지 않는 것이 안타깝다. 그 사탕수수 잎을 그대로 깔아둔 채 바나나 모종과 같은 다른 작물을 심어두게 되면 풀 걱정도 하지 않고 유기물 투입을 덜 해도 좋은 결실을 얻을 수 있다고 알려주어도 타성에 젖어 듣지 않는 모습을 보며 가슴 아픈 때가 많았다.

가난한 나라들에서는 낙엽과 마른 풀과 곡식부산물 등을 불태우는 일이 종종 있다. 낙엽을 태우다 때로는 수십 년 이상 자란 나무들과 숲까지도 태워 큰 손실을 입는 경우도 있다. 불태우는 모습이 너무 안타까워 직접 여러 사람들에게 그 이유를 물어본 적이 있다. 그 이유는 대체로 자원인 줄 몰랐거나, 새 풀이 돋을 때 동물들이 잘 먹을 수 있게 하기 위함이거나, 때로는 명확한 이유도 없이 보기 싫으니까 태운다는 것이다. 불태우기의 폐해는 퇴비를 만들 수 있는 자원을 감소시키고, 미생물과 곤충을 감소시켜 좋은 땅을 만들 수 없게 하고, 천적을 이용하기 힘들어서 작물의 생산력을 떨어뜨리는 결과를 초래한다.

화학비료 과다 사용

─────── 생명농업은 과다한 화학비료 사용을 거부한다. 화학비료로 인해 땅심은 저하되고 땅은 굳어진다. 토양의 영양 균형 파괴도 가져오게 되어 식물의 영양상태가 악화되고 면역력도 떨어진다. 땅속 미생물도 사라지고 땅속 세계도 점차 파괴되어 간다. 더 많은 화학비료를 사용해야 하는 악순환이 되풀이된다. 이런 일이 반복되다 보면 결국 땅은 더 이상 생명력을 가질 수 없는 죽은 땅이 되고 말 것이다.

농약 사용

———— 농약을 지속적으로 살포하는 농민은 농약에 들어 있는 독으로 인해 건강이 심각하게 위협당하는 경우가 많다. 농약으로 인해 미생물과 곤충 및 천적들이 감소함으로써 곤충들의 먹이 사슬이 파괴되어 생태계의 자연순환 질서도 붕괴된다. 농약의 사용은 그 농약에 면역력을 가진 거대 해충이 발생하는 결과를 가져왔고, 그 결과 더 많은 농약을 사용하는 악순환을 초래하고 있다. 이는 농약의 사용이 결코 좋은 해법이 아니라는 증거이다. 또한 농약을 사용하여 생산한 농산물은 질이 떨어질 수밖에 없다. 질 낮은 생산물은 높은 가격을 받을 수 없어 수입이 감소한다.

제초제 사용

———— 제초제는 유전인자를 파괴하는 요소가 담겨 있어 사람이나 동물, 식물과 곤충 등의 기형을 발생시키는 원인이다. 독성 제초제를 부주의하게 사용하면 건강이 위협을 받게 된다. 제초제를 잘못 사용하여 농작물을 다 죽여 버린 사례도 많고, 그 결과 빚이나 불화로 인해 자살을 시도하는 농민들도 있다. 제초제를 뿌린 땅에도 저항성을 지닌 강력한 잡초(슈퍼 잡초)가 발생하기도 한다. 그런 땅에서 생산된 농산물을 계속 먹는 소비자의 경우에는 기형아 출산율이 높다. 따라서 생명농업에서는 단연코 제초제의 사용을 반대한다.

깊이갈이 深耕

——— 일반관행 농법에서는 땅을 자주 갈아주어야 흙이 숨을 잘 쉴 수 있을 거라고 생각한다. 그렇지만 깊은 땅갈이는 땅속 생태계를 파괴시킨다. 지렁이를 비롯하여 미생물, 곰팡이, 박테리아 등이 죽거나 파괴되어 흙의 자정 능력이 상실된다. 또한 깊은 땅갈이는 질소질과 탄소질을 증발시켜 흙의 비옥도를 저하시킨다. 그런 땅에서 작물들은 건강하게 자라기 어렵다. 땅속에 살고 있던 지렁이와 작은 동물들의 눈으로 쟁기와 트랙터를 보면 어떻게 느껴질지 상상해보는 것도 필요할 것이다.

개량종자나 GMO종자 사용

——— 일반 관행농업의 농부들은 토종종자보다는 개량종자나 GMO종자를 씨앗으로 심는 편이다. 종자 이야기에서 좀 더 자세히 다루겠지만 둘 다 올바른 씨앗 선택은 아니다. 생명농업은 유전자변형종자를 거부한다. GM종자는 생명력이 없는 씨앗이다. 채종하여 심을 수도 없고 심어도 싹이 안 나게 만든 종자이다. 종자 기업이 씨앗을 계속 판매하기 위해서이다. 그러다 보니 불임과 각종 암과 기형아 출산의 위험을 안고 있다. 또한 GM종자와 함께 맞춤형 제초제와 비료와 농약을 생산하여 함께 판매한다. 농민이 농약이나 제초제를 선택하여 사용할 수 없다. 생산비는 더욱 증가하고, 농사를 한 번이라도 실패하면

많은 빚을 떠안게 된다. 빚을 갚기 어려운 농민들은 자살로 생을 마감한다. 이미 많은 농민들이 자살하였다. 다국적 종자회사는 이익만을 챙길 뿐 생명에는 관심이 없다.

이미 세계적으로는 수많은 GM종자들이 개발, 유포되고 있다. 주요 GM종자들로는 옥수수, 카놀라, 콩, 토마토, 목화 등이 있다. 한국에서는 2018년 주곡인 쌀을 별다른 안전장치 없이 GM종자로 생산하는 실험을 하다 많은 농민들의 저항과 원성을 사고 실험을 중지한 적이 있다. 주요 GMO 회사들에는 바이엘 몬산토, 신젠타, 듀폰 등이 있다. 이들 다국적 기업들은 오로지 자기 회사의 이익을 위해 전 세계 농민들에게 그들의 영향력을 확대해가고 있다. 이들의 위협으로부터 살아남는 것이 앞으로 지구의 미래를 지키는 일이라고 할 만큼 중요한 일이다.

화학 합성영양제 사용

――― 관행농업에서는 퇴비가 아닌 비료와 농약에 의존하는 농사를 하다 보니 작물의 부족한 영양을 위해 인위적인 화학 합성영양제를 사용하게 된다. 생명농업은 자연영양제가 아닌 화학 합성영양제를 단호히 거부한다. 자연에 존재하는 다양한 천연 영양제를 잘 이용하는 방법들을 생명농업은 연구하고 개발한다.

4　생명농업은 무엇을 실천할까

생명농업을 실천하려면 어떤 것들이 필요할까? 죽임의 농법이 판치고 있는 세상에서 생명농업을 해나가는 일은 쉽지 않은 일이다. 스스로 가치관과 신념을 분명히 확립하고 초지일관 꾸준하게 실천하지 않으면 어느 틈엔가 상업적 농업에 끌려가게 되고 만다. 그렇다면 생명농업을 위해 어떤 준비를 해야 할지 알아보자.

생명농업의 철학과 가치관 :
생명존중의 세계관

───── 생명농업의 가장 중요한 특징은 생명살림의 철학과 세계관을 가지

고 농사를 짓는다는 것이다. 우리가 살고 있는 이 세계는 생명을 지닌 하나의 우주이다. 지구 자체가 생명을 지닌 생명체요 독립된 우주다. 그리고 그 속에 살고 있는 사람과 동물과 자연도 하나의 작은 우주이다. 땅속에도 소우주인 생명체들이 살고 있다. 생명농업을 하는 농민 자신의 생명이 소중하고, 농민의 가족과 그 가족들이 생산한 물품을 받는 소비자의 생명도 소중하며 농부가 기르는 작물과 동물의 생명도 모두 소중하다. 생명존중을 모든 가치관의 가장 높은 곳에 두고 농사하는 것이 생명농업의 첫걸음이다.

생명농업이 가장 소중하게 생각하는 가치관은 바로 생명사랑이라는 가치관이다. 우선 사람의 생명이 중요하다. 이익을 위해 사람의 생명에 해가 되는 물질을 열심히 뿌려대며 농사짓는 방식을 원하지 않는다. 사람의 생명도 나누어 볼수 있다. 작물을 직접 키우는 농부와 농부의 가족, 농사를 지을 수 있도록 각종 농기구를 생산해주는 공업인들, 농부가 생산한 생산물들을 나누어 먹는 소비자들의 생명 모두가 온 천하보다도 소중한 생명들인 것이다.

이 생명 속에는 사람의 생명만이 아니라 우리가 키우는 작물과 동물을 비롯해 농사에 방해가 된다고 생각하는 잡초와 해충의 생명까지도 포함된다. 그 모든 생명들은 모두가 자연의 일부이며 균형과 조화를 통해 생명세계 전체를 이루고 있기 때문이다. 그래서 작물만 보호하고 잡초의 생명을 무참히 죽이는 제초제나 익충이나 해충 할 것 없이 모든 곤충들을 죽일 수 있는 살균제나 살충제를 원치 않는다.

자연의 원리와 절기에 따르는 농법

─────── 생명농업은 근본원리를 자연으로부터 배운다. 산의 나무들은 돌보지 않아도 스스로 잘 자란다. 일부러 땅을 파고 거름을 주지 않아도 자신이 떨군 낙엽과 하늘에서 내리는 빗물과 햇빛만으로도 크고 우람하게 잘 자란다. 인위적으로 나무의 수형을 잡거나 과도하게 가지를 자르지 않는다. 나무를 자세히 관찰하면 자신의 몸에 붙어 있어도 햇빛을 잘 받을 수 없는 아랫가지나 속가지들을 마르게 하여 삭정이를 만든 후 비바람이나 눈이 오면 저절로 정리되도록 하여 나름 우아한 자태를 유지해간다. 생명농업은 내가 키운다는 생각보다는 식물이나 동물들 스스로가 지닌 생명력을 최대한 잘 발휘할 수 있도록 자연스럽게, 좀 더 나은 조건을 만들어주는 길을 선택한다.

또한 생명농법은 자연의 변화와 절기를 소중하게 생각하며 농사짓는 방법이다. 절기에 대한 우리 조상들의 지혜는 우리 지역 사회에 오래 살아온 이들이 계절의 변화를 스스로 체험하며 자연이 어떤 식으로 변화해 가는지를 잘 알려주는 지혜가 담겨 있다. 그래서 절기에 따라 농사를 해보면 미래를 예측할 수 있어 거의 실패가 없는 농사를 지을 수 있다. 사계절이 분명한 나라들이라면 농번기와 농한기에 따라 열심히 일하는 때와 쉬면서 연구하고 학습하며 다음 농사를 준비하는 시간을 가질 수 있다. 건기와 우기로 나뉘어져 있는 나라들도 그 계절에 맞게 농사의 리듬을 조절할 수 있다.

나눔의 정신에 입각한 영농

—— 생명농업은 상업주의적 동기를 배제하고 생명 자체에 대한 관심과 사랑으로 짓는 농업이다. 농민 자신과 가족의 생명을 소중히 여기고, 농산물을 먹는 소비자의 생명도 존중하는 마음을 담고 있다. 생산물에 대하여 상품을 판다는 생각보다는 생명을 함께 나눈다는 마음이 더 우선되는 농업이다. 생명사랑과 나눔의 마음이 바탕에 녹아 있는 농사법이라는 말이다. 그래서 돈으로 값을 매기는 방식보다 서로의 생명을 소중하게 생각하는 마음에서 농민은 소비자의 생명을 지켜주고 소비자는 농민의 생활을 보장해주는 선에서 값을 매기는 방식을 따르고 있다.

주변지역에서 필요한 자원을 구하고
지역과 조화를 추구하는 농업

—— 생명농업에서는 농사에 필요한 자원을 먼 지역이 아니라 주변 지역에서 구하려고 노력한다. 흙을 좋은 토양으로 만들 수 있는 낙엽이나 부엽토를 토착 미생물들이 잘 살아가고 있는 주변 산이나 들에서 구한다. 퇴비의 재료가 되는 풀이나 질소질, 칼슘질 등도 먼 거리에서 운반해오기보다는 주변 지역에서 쉽게 구할 수 있는 것들을 선택한다. 칼슘질이 많이 담긴 계란껍질이나 깻묵을 필요로 하는 경우 복합영농으로 닭을 함께 키울 수도 있고, 참깨나 들깨를

심고 그 열매로 기름을 짜고 남은 것들을 활용할 수 있다.

아프리카나 아시아의 여러 나라들에 가보면 자원이 될 만한 것들을 태워 없애
는 모습이 너무 많아 안타까운 마음이 들 때가 많았다. 생명농업에서는 농사짓
는 동안 생겨나는 부산물이나 농장 주변에 있는 풀이나 낙엽 등 모두를 자원으
로 여기고 활용하는 입장을 지닌다. 지역의 경사진 지형을 이용하여 작은 보를
만들어 가뭄과 건기에 대비하고, 지역의 특색과 기후에 맞는 작물을 가꾸어 지
역 특산물을 만들어 낸다. 경사지에 맞는 나무와 작물을 가꾸어 쓸모 있는 땅
이 되게 한다.

생명농업의 필수 요소 :
생태화장실(인분 퇴비화)

——— 오늘날 세계 대부분의 나라들에서는 사람들이 배설한 똥과 오줌을
지구를 더욱 풍요롭게 하고 작물의 맛과 영양을 더욱 풍성하게 해줄 수 있는
자원이라고 생각하지 않는다. 오히려 인간의 삶에 별로 도움이 되지 않는 오물
로 여기며 그 처리에 골머리를 앓고 있다. 한국처럼 동물들을 집단 사육하는
나라들에서는 동물들의 분뇨가 넘쳐나고 있지만 인도나 아프리카 여러 나라들
처럼 동물의 분뇨도 구하기 어려운 곳에서는 사람의 똥오줌이 정말 소중한 자
원이 될 수도 있다. 그러나 그런 나라들에서 인분에 대한 농부들과 소비자의

인식을 변화시키기가 얼마나 어려운지 모른다. 그들이 자연을 오염시키는 데 나 쓰고 있는 똥오줌과 불태워 없애는 풀과 낙엽은 그들을 풍요로 이끌 수 있는, 어쩌면 유일한 자원이 될 수 있을 것이다.

생명농업에서는 사람을 비롯한 모든 동물의 똥오줌과 낙엽과, 풀과 같은 모든 식물의 잔재들이 지구를 살릴 수 있는 소중한 자원이라는 생각을 철저히 하고 있다. 그래서 농장이 있는 곳마다 가까운 곳에 생태화장실을 건축하기를 원한다. 생태화장실을 잘 지어서 사용하면 냄새도 나지 않고 파리도 끓지 않으며 미생물에 의해 자연 퇴비로 변화될 수 있는 방법이 있다.

퇴비장 활용 및 퇴비사용

──── 화학비료는 사용할수록 땅이 딱딱해지고 황폐해지지만 퇴비는 땅을 비옥하게 만들어가는 유일한 재료이다. 좋은 퇴비를 생산하는 것이 생명농업의 성패를 가르는 기준이 된다. 좋은 퇴비 생산을 위해 집집마다 인분을 쉽게 퇴비로 만들 수 있는 생태적 화장실을 짓고 세 칸으로 구성된 퇴비장을 만들어둘 필요가 있다. 퇴비를 잘 만들기 위해 토착미생물이나 지렁이를 이용하는 것도 좋다.

좋은 퇴비를 만들려면 식물에게서 얻을 수 있는 탄소질 재료(60%)와 동물에게서 얻을 수 있는 질소질 재료(20~30%)와 칼슘질과 기타 미네랄 재료(10%)와 흙과 부엽토(10%)를 적당히 잘 섞어서 수분(70%)이 골고루 잘 스며들게 해서 발효를 시켜야 한다. 퇴비는 발효시키는 것이지 썩히는 것이 아니다. 퇴비장의 첫 번째 칸에 모든 재료를 넣고 수분을 맞춰준 뒤 잘 섞어준 후 거적을 덮고 한 달 정도 둔다. 한 달 후 첫 번째 칸에서 두 번째 칸으로 옮기고, 다시 한 달 뒤 세 번째 칸으로 옮기면 된다. 뒤집어 주는 효과도 있고 총 3개월 후면 잘 숙성된 퇴비를 얻을 수 있다. 잘 발효되고 숙성된 퇴비야말로 땅을 옥토로 만들어 주고 좋은 결실을 얻게 해줄 소중한 자원이 될 것이다.

토종종자 지켜가기

───── 생명농업은 유전자변형 종자를 거부하고 토종종자를 보존하면서 농사짓는 것을 고집하는 농법이다. 토종종자를 지키고 그것으로 농사하는 것이 진정한 농민이 되는 길이다. 토종종자에는 하늘로부터 얻은 진정한 생명력이 담겨 있다. 씨앗을 심어도 나지 않는 종자가 아니라 매년 새로 심어도 다시 나는 것이 진정한 생명력이다. 비록 조잡하고 못생겼을지라도 토양이 좋고, 정성이 가해지면 좋은 결실을 맺을 수도 있고, 좋은 씨앗을 골라 심거나 좋은 것들끼리 교배를 하면 더 좋은 종자를 얻을 수도 있다. 종자개량을 통해 더 좋은 작물을 생산하는 길을 선택하는 것이다. 토종종자야말로 유전자조작된 종자로 세계를 제 손아귀에 넣으려는 다국적기업의 음모를 분쇄하는 길이다.

낙엽이나 풀 덮어주기:
미생물 활용 농법/풀 걱정 않는 농법

———— 현대 관행농법에서는 풀이나 잡초를 나지 않게 하거나 죽이기 위해
제초제를 사용하거나 비닐멀칭을 한다. 그러나 제초제나 비닐멀칭으로 인한
폐해가 워낙 커서 생명농업은 제초제 사용과 비닐멀칭을 모두 반대한다. 풀이
나는 것은 건강한 땅의 모습이다. 생명농업에서는 풀이나 잡초를 억제하는 방
법으로 낙엽이나 풀을 두둑에 덮어준다. 작물이 자라는 두둑에 풀을 잘라 덮어
주면 다른 풀이 잘 나지 않는다. 덮인 풀의 양이 부족할 때는 그 사이를 비집고
다른 풀들이 올라오지만 충분한 풀 멀칭이 되어 있는 곳에서는 전혀 나지 않는
다. 풀 멀칭은 생명농업의 중요한 부분임을 꼭 기억할 필요가 있다. 풀 멀칭의
재료에는 자른 풀이나 왕겨, 톱밥, 곡식부산물, 낙엽, 부엽토 등이 있다. 풀 멀
칭을 잘 해주면 잡초 발생 억제 외에도 땅속 습기를 오래 보존해주어 작물이
가뭄에 잘 견디게 하고, 미생물의 집 역할을 해주어 많은 미생물이 살게 되어
결실을 높여준다. 또한 지렁이가 사는 땅은 홍수가 와도 좋은 흙이 떠내려가는
것을 막아주는 역할도 한다.

자연 에너지(햇빛/빗물/지열 등) 이용

———— 생명농업은 대형 농기계나 난방을 해야 하는 비닐하우스를 통한 작

물 생산을 하지 않으니 화석 에너지의 폐해로부터 해방될 수 있다. 자연이 주는 에너지(태양열/바람/지력 등)를 잘 이용하여 지구의 생태계를 보존하는 데 관심을 가지는 농법이다. 생명농업은 비닐하우스나 유리온실을 이용하여 제철을 잊고 자연을 거슬러 생산하는 고비용 농업을 하지 않는다. 오히려 자연의 리듬에 맞춘 저비용 농업에 초점을 맞추고 자연에너지를 이용하는 농업을 한다. 많은 비용을 투입하다 보면 자연히 상업적 농업으로 갈 수밖에 없다.

생태순환에 기초한 복합 영농:
숲/초지/논/밭/동물/양봉/버섯/꽃

─────── 생명농업은 큰 땅에 한 가지 작물만을 심어서 오는 거대 단작을 하지 않고 동물과 식물을 함께 살게 함으로써 선순환이 가능한 복합영농의 방법을 선택한다. 작물의 일부분이나 곡식 부산물을 동물의 사료로 사용하고 동물의 분뇨를 작물을 위한 퇴비의 재료로 사용할 수 있어 상생효과를 낼 수 있다.

벼, 밀, 옥수수와 같은 주곡 생산과 더불어 야채를 함께 키워서 농민의 밥상에 필요한 먹거리 재료를 대부분 해결할 수 있게 한다. 과일나무와 벌을 함께 키워 수확량을 늘릴 수도 있다. 다양한 작목과 동식물을 다 키우게 되니 손이 많이 가서 힘들 것이라고 생각할 수도 있지만, 동물들이 농사에 큰 도움이 될 수도 있고 서로 돕기가 가능해져 일손을 줄일 수도 있다.

돌려짓기(윤작)

───── 매년 같은 땅에 동일한 작물을 계속 심으면 병충해가 해마다 늘어난다. 따라서 같은 땅에 매년 다른 작물을 심으면 병충해 방지 효과도 있고 영양분 부족을 막을 수도 있다. 돌려짓기에 좋은 작물들을 생각해보자. 고추를 심은 곳에 배추나 무를 심어도 좋고, 옥수수를 심었던 곳에는 콩이나 밀, 보리를 심고, 양파나 마늘을 심었던 자리에는 감자나 고구마를 심어도 좋다. 생명농업에서는 한 작물을 대량으로 심기보다 같은 두둑에서도 다양한 작물을 심는 공생농법을 즐겨 사용하기 때문에 연작이나 단작 피해가 거의 없는 편이다.

무경운 농법(땅속세계 존중)

───── 관행농법 농부들은 누구나 땅을 갈아엎어야 농사를 할 수 있다고 생각하지만 생명농업은 땅갈이를 하지 않고서도 농사를 잘 지을 수 있다고 생각한다. 땅속에는 땅속 생명체들이 살고 있는 또 다른 세계가 있다. 미생물과 선충과 지렁이와 두더지 등이 그 주인공들이다. 땅속 세계를 존중하는 것이 자연도 살고 농사도 잘 짓는 길이다. 땅속에 사는 생명들의 입장에서 보면 트랙터로 땅을 가는 것은 대단한 폭력이다. 그들이 평화롭게 건설해서 잘 살아가고 있던 터전을 하루아침에 잃게 되는 처지가 된다. 그들과 함께 공존하며 농사하는 방법이 생명농업이다.

농기계로 땅갈이를 하면 땅이 부드러워질 거라고 생각하지만 오히려 그 반대이다. 대형 트랙터보다도 더 좋은 땅갈이 선수는 지렁이다. 트랙터는 많은 에너지를 소비하고서도 기껏 20cm 정도를 갈 수 있지만 지렁이는 땅을 부드럽게 하면서도 20~50cm를 잘 갈아준다. 땅갈이를 하지 않기 위해서는 풀 멀칭을 함께 해야 한다. 풀 멀칭을 잘 해두고 작물이 자라고 있는 동안 기존 작물 옆에다 심거나 수확한 뒤에 두둑을 허물지 않고 그 두둑에다 새로운 작물을 심는 방식으로 5~10년간 땅갈이 없이 농사를 지을 수 있다. 이처럼 땅갈이를 하지 않고 농사를 짓는다면 땅속은 점점 더 부드러워지고 좋은 땅이 되어갈 것이며, 노동력은 절감되고 농사비용도 줄어드는 효과를 거둘 것이다.

다양한 작물이 함께 자라게 하는 공생농법混作

——— 생명농업은 같은 공간에 다양한 작물을 키워 상생과 상승효과를 높이는 방법을 권장한다. 동일한 면적에서 더 많은 소득을 올릴 수도 있고 거대단작에서 올 수 있는 병충해 예방에도 도움이 된다. 공생농법의 좋은 예를 들어보자. 옥수수밭 사이사이에 고구마나 호박을 심어도 좋고 고추와 배추를 함께 심어도 좋다. 과일나무 아래에 자운영을 심어 다른 풀이 나는 것을 막고, 자운영 꽃에 벌들이 오게 하여 결실을 좋게 하며, 뿌리혹박테리아의 역할로 땅을 기름지게 만들 수도 있다. 차를 생산하는 인도의 여러 지역에서는 차밭에 드문드문 키 큰 나무를 심어 서늘한 기후를 좋아하는 차나무에 약간의 도움이 되게

하고, 키 큰 나무 옆에 후추나무를 심어서 감고 올라가게 만들어 주니 차밭을 별로 차지하지 않으면서도 세 가지 수익을 올리기도 한다.

천적 활용과 자연 약제(영양제/강장제/기피제) 사용

──── 생명농업은 병충해 방제를 위해 화학 농약을 사용하지 않고 식물성 자연 농약을 스스로 만들어 쓰는 방법을 선택한다. 자연 농약들은 병이나 충을 죽이는 역할보다는 작물 스스로 건강해져서 병충해를 이겨낼 수 있게 만들어 주거나 세균과 곤충들이 그 냄새나 맛을 싫어해서 가까이 오지 못하게 하는 역할을 한다. 또한 생명농업은 농사현장에서 자연이 스스로 살아나게 하여 그들 사이에 서로 견제하고 상생하는 방법인 천적들을 이용한다. 천적의 종류로는 진딧물과 무당벌레, 벼멸구와 거미 등이 있다.

생명농업을 잘 할 수 있게 도와주는 것 중 하나는 스스로 만든 자연영양제이다. 자신의 농장이나 근처에서 쉽게 얻을 수 있는 식물의 재료와 설탕을 큰 항아리에 1:1일 비율로 잘 섞어두면 식물에서 천연녹즙이 나오면서 식물발효액이 만들어진다. 그렇게 얻어진 식물발효액을 물과 희석하여 작물의 잎에 뿌려주거나 점적관수를 통해 뿌리에 공급해주면 작물이 튼실하게 잘 자란다. 물과 식물발효액 원액을 희석하는 비율은 1:200~1000 정도이다. 어린 작물일수록 배율을 높게 하고 오래 성장한 작물은 배율을 낮게 하면 된다. 식물발효액을 만들기 위한 식물 재료는 식물의 잎이나 줄기, 뿌리, 열매 모두 가능하다. 이 식물발효액은 작물뿐 아니라 사람이 음료수로 마셔도 좋다. 그러나 사람이 마시기 위해서는 처음 만든 후 최소한 6개월이 지나야 된다. 설탕을 포도당으로 전환하는 데 6개월 정도 걸리기 때문이다.

식물 종합영양제도 만들어 쓸 수 있다. 식물 종합영양제는 계란껍질이나 물고기 뼈와 부산물, 동물의 뼈와 부산물 등을 오줌과 똥이 섞인 큰 통에 넣어두면 된다. 조개껍질이나 동물의 사체를 넣어도 좋다. 이것도 적절히 발효과정을 거친 후 연하게 희석하여 작물에 이용할 수 있다. 그 외에 자연영양제로 좋은 것은 각종 식초(현미식초/감식초), 바닷물, 소금물 등이다. 식초는 식물이 산성화되는 것을 막아주어 자연면역력을 높여주고, 바닷물이나 소금에는 식물이 필요로 하는 미량원소들이 있어 건강하게 자라게 해준다.

간단한 농기구 사용

──── 생명농업은 자연과 땅에 폭력을 가하는 큰 농기계를 사용하지 않고 누구나 쉽게 다룰 수 있는 간단한 농기구들을 이용하는 것을 원칙으로 한다. 삽, 괭이, 호미, 갈고리, 낫, 모종삽 등으로도 얼마든지 농사를 지을 수 있다. 아프리카 말라위에서 농기구를 조사한 적이 있는데 오로지 낫 한 두 자루와 괭이나 삽 한두 자루만으로 농사하는 가난한 농민들이 20% 이상 되는 것을 본 적

이 있다. 열악한 농기구로 힘들게 농사하라는 말이 아니라 간단한 농기구로도 해낼 수 있는 좋은 방법을 선택하라는 것이다.

작물이나 동물과 이야기 나누며 돌보는 대화 농법

———— 자신이 키우는 작물이나 동물들과 대화가 가능할까? 생명농업 농민은 자신의 동식물들과 사랑으로 교감하고 대화할 수 있다고 생각한다. 작물들과 매일 인사를 나누며 안부를 묻고 상태를 살핀다. 작물이나 동물들의 상태를 유심히 살피며 사랑과 격려의 말을 전하기도 하고, 아름다운 음악을 들려주어 작물이나 동물들을 기분 좋게 해주기도 한다. 식물들도 반복적인 말과 훈련을 통해 사람과 충분히 교류가 가능하다는 사실은 여러 실험들을 통해 많이 증명되었다. 사랑스런 말, 긍정적인 말을 들려줄 때와 부정적이고 전투적이며 미워하는 말을 해줄 때 전혀 다른 결과를 얻는다는 실험들이 있다. 생명농업 농민도 자신의 작물이나 동물들에게 긍정적이고 사랑스러운 말로 격려하고 용기를 주면 비록 거름이 부족하거나 좋지 못한 기후 속에서라도 작물은 힘과 용기를 얻고 악조건을 이겨내는 의지를 보여줄 것이다.

자연 화수분/자연교미를 통한 번식

———— 관행농법에서는 과일이나 씨앗을 목적으로 하는 농사의 경우에 인공 수분을 하고, 동물의 임신을 위해서도 인공수정을 기본으로 하고 있다. 좋은 품종을 얻고 우성을 지닌 종자를 받으려는 목적이 있어서일 것이다. 그러나 생명농업에서는 식물과 동물이 지닌 자연번식 능력과 벌이나 곤충이 지닌 매개능력과 상호공존의 활동을 중요하게 생각한다. 그래서 동물들의 자연 교미와 벌과 곤충에 의한 자연화수분을 번식과 결실의 기본으로 삼는 농법을 실천해간다.

동물복지 농법(동물이 행복한 가축 사육)

———— 대량생산에 기초한 관행농법 동물사육은 공장식 축산이 기본이다. 케이지 축산의 닭 키우기나 공장식 돼지 축사에서 자라는 돼지는 돌아서거나 돌아눕기도 어려울 정도여서 많은 스트레스를 받으며 살아간다. 넓은 초지에서 자연스럽게 풀을 뜯어먹으며 다녀야 할 소도 서로 몸이 부딪힐 정도로 좁게 살아가다 보니 영양 많은 음식을 먹고 운동을 못한 채 서 있거나 자신이 눈 똥 위에 엎드려 잘 수밖에 없는 생활을 하게 되어 수많은 질병을 지니고 산다. 그래서 현재 한국이나 일본에서 키우는 소나 돼지의 내장 중 많은 양이 염증이나 고름 혹은 암 덩어리로 인해 폐기처분 되는 상황이다.

생명농업식 축사의 기본은 동물들이 행복을 느끼며 살아갈 수 있을 정도로 스트레스 받지 않는 축사를 지어주고 살아가게 하는 것이다. 동물의 입장이 되어 생각해보면 어떤 축사를 지어야 할 것인지 쉽게 알 수 있다. 닭이라면 자유롭게 다니면서 때때로 흙목욕도 하고 지렁이도 잡아먹고 푸른 풀도 마음대로 뜯어먹을 수 있는 환경을 원할 것이다. 돼지 축사도 돼지의 똥오줌으로 냄새나는 생활터전이 아니라 아무리 똥오줌을 싸더라도 냄새나지 않는 재료를 공급해주는 축사가 되고, 축사 밖으로 나와 자유롭게 다니며 코로 흙을 뒤지며 지렁이도 잡아먹고 흙도 먹을 수 있는 그런 삶터가 되는 것이 바람직할 것이다.

식량작물/주곡생산에 초점

———— 생명농업이 가장 중요하게 생각하는 작물은 바로 식량작물이다. 자신의 밥상에 매일 오를 수 있는 쌀과 보리와 밀, 다양한 콩류와 팥, 감자와 고구마, 무와 배추, 상추와 겨자채 등을 생산하는 것이 기본이다. 한국의 식량자급률이 25%밖에 되지 않는 상황에서는 다른 어떤 작물보다도 우리 국민들이 가장 즐겨 먹는 주곡생산이야말로 정말 중요한 농사품목이 되어야 할 것이다. 스위스의 농업정책을 보면 스위스인들이 가장 즐겨 먹는 옥수수와 밀 등과 같은 식량작물을 일정 면적에 심기만 해도 지원금을 지급해주는 식량작물 지원제도가 있다. 그런 때 비로소 자국민들의 식량자급률을 높일 수 있는 길이 열리게 될 것이다.

빗물저장고/빗물 이용 장치 설치

──── 빗물 속에는 지하수나 수돗물에 들어 있지 않은 다양한 미네랄과 좋은 성분들이 들어 있다. 빗물을 농업용수로 쓴다면 다른 물을 쓰는 것보다 훨씬 더 좋은 결실을 얻을 수 있을 것이다. 한국의 많은 논들은 수리시설이 잘 갖추어져 있어 비가 올 때 자연스럽게 논으로 떨어지는 빗물 외에는 별도의 이용시설이 필요 없다. 그러나 아직도 산기슭에 있는 많은 밭들에는 물 공급시설이 필요하다. 그럴 때 빗물을 잘 저장해둘 수 있는 시설이 만들어져 있다면 유용할 수 있을 것이다. 인도나 아프리카의 많은 나라들에서는 특히 가정용 빗물저장고나 마을 단위의 빗물 저수지가 필수적이다.

생명농업과 지역사회 :
소규모 가족농이 중심

──── 농업은 결코 대규모 기계화에 의존하는 기업농에 중점을 두어서는 안 된다. 그럴수록 우리는 건강한 생산물을 구하기 어렵고 점점 더 우리의 건강과 생명은 대기업에 예속당하고 말 것이다. 생명농업은 대규모 상업농을 피하고 소규모 가족농을 중심에 둔다. 잘 사는 큰 나라들의 농촌을 제외하면 아직도 세계 가난한 나라들의 많은 농촌에는 소규모 가족농이 중심이 되어 있다. 생명농업은 그들이 실천하기에 가장 적합한 농업이다. 이 글도 그들 가족농에

종사하는 많은 농민들에게 도움을 주려는 것이 중요한 목적이다. 먼저 농민의 가족들이 농산물을 건강하게 생산하고, 먹고 남는 것을 좋은 이웃에게 나누어 주는 심정으로 농사를 짓는다. 그래서 생산자와 소비자가 더불어 한 가족이 되는 길을 따른다.

지역사회의 특성과 순환시스템 고려

생명농업은 너무 먼 거리로 농산물이 이동되는 것을 원치 않는다. 먼 거리로 이동해가는 동안 많은 운송비가 들고 화학에너지가 소모된다. 소규모 가족농에 의해 지역에서 생산된 생산물들은 지역에서 소비되기를 원한다. 한 지역의 먹거리들이 지역 내에서 순환되는 지역순환시스템을 갖추어 가는 것이 중요하다. 불가피한 경우에는 외부에서 수입할 수 있지만 그것도 상업적 논리에 의해서가 아니라 지역의 필요에 따라 지역 농민위원회가 협의하고 결정할 수 있게 한다.

생명농업은 생명존중의 세계관을 지닌 소규모 가족농들이 실천하기에 좋은 농업이다. 자연의 이치와 리듬에 맞춰 일할 때 일하고 쉴 때 쉬어가며 즐기는 농업이다. 내가 사는 지역을 가장 중심에 놓고 행복한 지역순환공동체를 만들어 가는 운동이다. 나누고 섬기는 정신이 바탕이 되어 진정한 공동체 마을을 만들어 가는 운동이다.

둘째 마당

생명농업 농부로 사는 길

1 농부가 맺고 있는 관계들

생명농업을 하는 농민은 다양한 관계를 맺으며 농사를 짓는다. 그 관계들은 생명농업에 많은 영향을 미친다. 자신이 관계 맺고 있는 것들에 대한 바른 의식을 가지고 농사를 지어갈 때 비로소 올바른 생명농업을 실천할 수 있다.

농부 자신:
건강/세계관/비전/가치관 등

———— 농민은 먼저 자신이 어떤 가치관과 비전을 가지고 농사를 짓는지 자각할 필요가 있다. 과연 자신이 생명농업의 바른 가치관과 정신에 입각해서 농사에 임하고 있는지를 살펴야 한다. 농사의 방법에만 중점을 두는 것보다 이

지구촌 전체에 대한 분명한 세계관과 가치관을 확립하고 농사를 지어갈 때 어려움이 오더라도 흔들림 없이 바른 길을 갈 수 있을 것이다. 생태적 관점의 세계관과 생명 중심의 가치관을 분명히 하고 올바른 생명농업적 방법을 정확히 익힐 필요가 있다. 그런 바탕 위에 장단기 계획과 분명한 비전을 가지고 농사 지어 간다면 정말 멋진 농민이 될 것이다. 농민은 항상 건강한 몸과 마음을 만들어가기 위해 노력해야 한다. 돈을 잃으면 적게 잃은 것이요, 명예를 잃으면 많이 잃은 것이요, 건강을 잃으면 모든 것을 잃은 것이라는 표현처럼 건강하지 않으면 생명농업도 어렵다. 농부는 항상 자신의 건강상태를 생각하여 스스로 할 수 있는 만큼의 노동을 선택해야 한다. 농사로 인해 골병이 들 만큼 무리하면 안 된다.

가족:
부부/자녀/친지

───── 농부는 자신의 가족들에게도 생명농업의 정신과 가치관이 무엇인지 주지시키고 생명농업을 해서 얻을 수 있는 효과가 어떤 것인지를 함께 나누어야 한다. 가족의 동의 없이 혼자 외롭게 해나가는 농사는 어렵지만 가족 전체가 통일된 의식을 가지고 살아간다면 농사는 먹고 사는 문제를 해결하는 수단을 넘어서 행복의 조건이 될 수 있다. 가족 가운데서 농사를 도울 수 있는 인물이 얼마나 되는지 가족의 건강을 위해 필요한 내용은 무엇인지도 파악해두

는 것이 좋다. 자녀들에게도 농사는 힘없고 못난이들만 하는 것이 아니라 생명 농업이야말로 지구촌을 아름답게 만들어갈 수 있는 최고의 길이라는 자부심을 가질 수 있도록 농업에 대한 올바른 의식을 심어주어야 한다.

생활 조건:
집/가구/식수

———— 농민이 살아가고 있는 생활조건을 확인하는 것도 중요하다. 살고 있는 집의 소유관계와 규모, 집안 생활을 위한 가구와 상하수도 문제 등도 잘 파악하고 어떻게 개선할 것인지도 생각해두어야 한다. 한국 농촌의 생활환경은 많이 개선되어가고 있지만 아시아와 아프리카 등 가난한 나라들의 생활조건은 대단히 열악해서 아직도 개선되어야 할 점이 많다. 생활조건을 개선해 갈 때도 생명농업이 지닌 바른 가치관과 정신 위에서 친환경적인 자재와 방법을 사용하여야 한다. 그리고 누가 와서 보더라도 정말 아름답고 살기 좋은 환경을 만들어가는 것이 생명농업 농부가 해야 할 일이다. 보는 이들이 부러울 정도로 멋진 생활환경을 만들어 살아가야 더 많은 이들이 농부가 되고 싶어 하지 않을까 생각한다.

땅:
소유관계/비옥도/주인의식 등

───── 땅 문제도 중요하다. 땅의 소유관계가 어떠냐에 따라 안정적인 농사를 할 수도 있고 그렇지 않을 수도 있다. 자기 땅이 아니라면 몇 년 동안 땅을 비옥하게 잘 만들어 놓아도 또 떠나야 하는 어려움을 겪을 수 있다. 진정한 주인의식을 가지고 땅을 내 몸처럼 잘 돌볼 수 있을 때 그 땅이 비옥한 옥토가 될 수도 있고 생명농업을 잘 할 수 있다. 생명농업 농부는 10년 동안 땅갈이를 하지 않으면서 농사를 해가기 때문에 자주 경작지를 이동하지 않는 것이 좋다. 경자유전의 원칙에 따라 농사하는 사람이 좀 더 자유롭고 쉽게 땅을 가지고 농사할 수 있도록 정부 정책이 마련되어야 한다.

종자문제

───── 종자문제는 대단히 중요하다. 종자를 제대로 관리하지 못하면 다국적 종자회사에 예속될 수밖에 없다. 그렇게 되면 생명농업을 마음대로 할 수가 없게 된다. 토종종자를 잘 보관하고 개량해나감으로써 종자의 독립을 유지해나갈 때 올바른 생명농업은 가능하다. 농민들이 서로 도와서 좋은 종자를 나누고 개량해가며 좋은 종자를 지켜가는 것이 대단히 중요한 일이다. 토종종자를 지켜가는 농민들에게 정책적인 지원을 해주는 것도 생각해볼 문제이다.

농사방법:
관행/유기/자연/생명역동/퍼머컬쳐/생명농업

——— 농민은 자신의 농사방법을 무엇으로 사용할 것인지를 선택하고 일관성을 지니고 실천해가야 한다. 관행농법과 자연농업, 생명농업과 생명역동농업, 유기농업과 탄소농법, 순환농법과 퍼머컬쳐 등 다양한 농사방법들이 있다. 그 중에서 자신이 선택한 생명농업의 방법에 대한 이해를 분명히 하고 그 방법의 전문가가 되기 위해 노력해야 한다. 생명농업이야말로 지구촌 위기를 극복하고 신뢰할 수 있는 세상을 만들어갈 수 있는 가장 좋은 길임을 확신하며 농사짓는 농민이 되면 좋겠다.

농사 도구/장비/기계

——— 농사 방법에 따라 도구나 장비가 달라질 수 있다. 대규모 상업농이 중심이라면 대규모 농기계가 중심이 되겠지만 생명농업을 위해서는 소규모 기계나 손으로 다룰 수 있는 농기구 정도라도 족할 수 있다. 불필요한 도구나 장비를 위해 많은 비용을 지불할 필요가 없는 셈이다.

퇴비 만들기:
생태화장실/퇴비장

——— 생명농업에는 퇴비가 필수 요소이다. 퇴비는 기본 영양이 되는 작물의 밥인 셈이다. 작물에게 밥이 부족하거나 영양이 부실하면 농사가 제대로 안 된다. 따라서 농민은 좋은 퇴비를 생산하는 방법을 잘 익혀두어야 한다. 작물에게 주어야 할 충분한 퇴비를 스스로 만들어 잘 확보해둔다면 생명농업은 쉽게 해낼 수도 있다.

병충해 대책:
농약/천연 농약

——— 농사를 짓다보면 농작물이 병충해의 피해를 입는 경우가 자주 있다. 그럴 때 어떻게 대처해나갈 것인지 태도를 분명히 할 필요가 있다. 농작물을 병충해로부터 구하기 위해 독한 농약을 칠 수도 있고 아니면 그런 생명체들과 함께 나누어 먹는다는 심정으로 자연의 힘에 맡길 수도 있다. 자신이 키우는 농작물이 건강해져서 병충해를 이길 수 있도록 키우는 것이 우선이고, 먹어도 해롭지 않은 자연농약을 만들어 병충해를 방제하는 것이 그 다음이다.

잡초 대책:
제초제/비닐/호미/낙엽이나 풀덮기

——— 농사지을 때 가장 힘들고 성가신 문제 중 하나가 잡초와 씨름하는 일이다. 잡초를 어떻게 대하며 잘 관리하느냐에 따라 농사가 쉬울 수도 있고 정말 어렵게 느껴질 수도 있다. 생명농업에서는 잡초를 대하는 자세가 근본적으로 다르다. 잡초의 생명도 아름다운 생명체이기 때문이다. 잡초에 대한 새로운 관점으로 바른 생명농업 농사를 해갈 수 있도록 준비해야 한다. 잡초를 걱정하지 않는 농법이 생명농업의 핵심이기도 하다.

자연환경:
햇빛/바람/물/비/숲/기후/절기

——— 농사를 하는 데 자연환경이 얼마나 중요한지는 농사를 직접 지어본 이들만 알 수 있다. 비닐하우스나 스마트 팜처럼 인위적으로 모든 조건을 만들어주는 농업이라면 자연환경이 별로 중요하지 않을 수 있겠지만 자연을 닮아가는 생명농업은 자연환경을 정말 소중하게 생각하고 감사한다. 더 아름답고 좋은 자연환경을 만들어 가기 위해 노력하는 것도 생명농업의 중요한 한 부분이다.

수확:
손/기계화/자동화

──── 농민은 자신이 키운 농작물의 수확방법에 대해서도 생각할 필요가 있다. 벼의 수확이라면 대형 콤바인으로 수확할 것인지, 낫으로 수확할 것인지를 정해야 한다. 대형 농기계에 의한 수확은 일손과 시간을 줄일 수는 있지만 기계의 빠른 속도에 충격을 받은 곡식이 멍들어 올바른 생명력을 가질 수 없기도 하다. 생명농업적 수확은 비록 더딜지라도 생산하는 농산물이 끝까지 건강할 수 있도록 잘 다루고 사랑의 마음으로 거두어들일 필요가 있다.

보관:
창고/저온저장고

──── 수확 후에는 나누어주거나 판매하는 경우가 아니라면 어떻게 보관할 것인지도 생각해야 한다. 보관의 방법도 조상들의 전통적인 지혜를 따를 수도 있고, 에너지를 필요로 하는 저온저장고 같은 시설을 이용할 수도 있다. 생명농업적 지혜를 찾아내보려고 노력하자. 뜻을 같이하는 몇몇 농민들이 협동조합을 결성하여 함께 저장하는 방안도 생각해보면 좋겠다.

가공:
1차 가공/2차 가공/3차 가공

────── 농업은 1차 생산만으로 끝나서는 부족하다. 많은 생산물이 한꺼번에 나와 처리하기 어려울 때도 있고, 다른 이들에게서도 너무 많이 생산되어 도저히 제대로 소비를 해낼 수 없을 경우도 있다. 또한 1차 생산물로는 너무 가격이 낮아서 생산비를 제하고 나면 별로 소득이 없을 수도 있다. 그럴 때 가공이 필요하다. 대부분의 농산물은 가공을 하게 되면 저장이 용이해질 수도 있고 부가가치가 높아지기도 한다. 내가 3ha 정도 되는 땅에 밀농사를 지었던 적이 있었다. 당시에 밀을 수확해서 수매할 경우 1kg에 800원 정도 했는데 유기농 밀이나 관행농업 밀이 차이가 없었다. 그래서 제분공장에 가서 밀가루로 1차 가공을 했더니 제분비용이나 포장비용과 운송비 등을 제하고도 1kg에 2000원 정도 받을 수 있어서 농사를 한 번 더 지은 느낌이 들었다. 더 나아가 밀가루를 다시 우리밀 칼국수 공장으로 보내 2차 가공으로 칼국수로 만들었더니 1kg에 3500원을 받을 수 있었다. 거기서 한걸음 더 나아가고 싶었다. 그래서 칼국수를 끓여서 판매하는 길을 알아보았더니 1kg으로 5000원짜리 5인분을 만들 수 있었다.

콩농사를 지어 직접 판매할 수도 있지만 가공한다면 더욱 좋은 효과를 낼 수 있다. 콩으로 메주를 만들 수 있고(1차 가공), 메주를 이용해 간장과 된장으로 발효식품을 만든다면 장기 저장에도 문제가 없고 건강한 발효식품을 나눌 수 있는 기회가 될 것이다.

운송과 유통:
운송 수단/거리/품목

———— 수확한 농산물이 소비자의 손에 도달하기까지 어떤 운송수단이 동원되어야 할지도 생각해보아야 한다. 가능한 한 짧은 거리에 에너지를 덜 소비하는 방식의 운송이 적합할 것이다. 그 지역에서 생산된 생산물이 신토불이가 되어 지역민들에게 가장 건강한 먹거리가 될 수 있다. 또한 탄소 발자국이 적게 찍힐수록 이 지구촌의 생명이 길어질 수 있음을 명심하자.

판매:
판로개척/직거래/시장출하/온라인 판매/직영 판매장

———— 판매와 시장개척은 어떻게 할까? 지역사회 내의 이웃들과 나누는 심정으로 생산물을 나눌 수도 있고, 서로 얼굴을 알고 신뢰할 수 있는 소비자들과 직거래를 할 수도 있다. 이 모든 문제들이 어떤 농업을 할 것인지에 따라 달라질 수 있음을 생각해야 한다. 가장 중요한 판로는 생명농업 농부가 생산하는 전 과정을 스토리로 만들어 인터넷으로 소비자들과 공유하고, 때로는 소비자들이 직접 농장으로 찾아와 일손돕기도 함께 하는 신뢰관계 위에서 자연스럽게 판로가 만들어지는 것이 가장 좋다.

소비자관계:
직거래/생협

——— 농부가 생산하는 먹거리가 농부 자신의 가족과 친지들에게 보내는 것으로 끝나버릴 정도로 적은 양을 생산한다면 다른 소비자를 생각할 필요가 없을 것이다. 그러나 더 많은 사람들과 함께 나누어야 할 정도로 생산이 된다면 자신의 생산물을 먹게 될 소비자들과 어떤 관계를 맺을 것인가에 대해 깊이 생각할 필요가 있다. 생산하는 과정을 소상하게 공개하는 방식으로 SNS를 통해 직거래를 할 수 있는 소비자와 직접적인 관계를 맺을 수도 있다. 그렇지 않으면 소비자생활협동조합과 같은 도시의 소비자 조직들과 연계해서 서로 믿고 신뢰하는 관계를 맺을 수도 있다.

동물사육:
곤충/닭/오리/토끼/돼지/양/소/말/벌(축사/사육방법)

——— 동물사육을 위해서도 생각하고 입장정리를 해야 할 사항들이 많다. 가축사육의 규모, 생명농업적 축사 짓기, 사료문제, 병충해 관리, 알이나 새끼 관리, 출하와 가공 등 다양한 문제들에 대해 생명농업적 관점과 방법을 분명히 할 필요가 있다. 생명농업에서는 동물이 행복해하며 생활할 수 있는 동물복지 환경이 기본이다.

마을/지역사회 공동체

──── 농민은 한 가정의 일원이기도 하지만 그가 속한 마을과 지역사회의 멤버이기도 하다. 따라서 마을과 지역사회의 구성원들과 좋은 관계를 맺고, 어떻게 서로 도우며 살 것인지, 아름다운 마을만들기를 위해 자신이 할 수 있거나 해야 할 일들은 무엇인지도 생각하며 농사를 지어야 한다. 생명농업 농부로 인해 마을과 지역사회가 더 잘 살게 되고 유대관계가 돈독해지는 결과를 가져오게 될 것이다.

농업정책:
농업진흥법/정부정책

──── 농민은 그가 속한 국가의 농업정책의 영향을 많이 받으며 농사를 짓는다. 국가가 어떤 농업정책을 제시하고 관련법을 지니고 있는가에 따라 농부의 입지는 현저하게 달라질 수밖에 없다. 따라서 국가가 진정으로 농민들을 위하는 입장에서 농업정책을 입안하고 지켜갈 수 있도록 농민들이 조직화되어 바른 영향력을 발휘해갈 필요가 있다.

농업연구:
연구소/대학/기술센터

────── 끊임없이 농업의 방법과 기술과 정책 등에 대해 연구를 하며 농민들에게 좋은 정보를 주려고 애쓰는 많은 농업연구소들과 농업대학 및 농업기술센터 등은 대단히 중요한 곳들이다. 농부들은 그런 연구소들과도 좋은 관계를 맺는 것이 필요하다. 그래서 생명농업이 더욱 발전해가고 세계화 되는 데 서로 도움이 되면 좋을 것이다.

국내 관계망:
작목반/전국농민회/전여농/농촌지도자 조직/농협/축협/어협

────── 국내에는 여러 관계망들이 존재한다. 같은 작목을 함께 농사하며 서로 정보도 교환하고 생산과 출하를 함께 의논할 수 있는 작목반과 농민들의 공동 관심사와 문제 해결을 위해 노력하는 농민조직들과 농촌지도자들의 모임이나 농민들의 협동조합 등과도 어떤 관계를 맺어야 하는지, 그런 조직들이 진정으로 농민에게 도움이 되는 조직이 되게 하기 위해서는 어떤 노력들이 필요할 것인지 생각하며 농사를 지어갈 필요가 있다.

국제 관계망:
우프/국제 농민조직/세계유기농협회

───── 농민은 지역사회를 넘어 타 지역사회의 농민들과도 좋은 관계를 맺고 서로 도울 필요가 있다. 더 나아가서는 나라와 나라를 넘어서까지 농사짓는 사람들끼리 서로 알아가며 서로 돕고 필요한 일들을 함께 해나갈 수 있도록 관계망을 형성해가는 것도 아주 중요한 일이다. 생명농업포럼이 그런 역할을 할 수 있는 좋은 관계망이 될 수 있다.

2   생명농업 농부로 살면 무엇이 좋은가

지구촌을 지키고 돌보는 지킴이라는 자부심

———— 생명농업 농부가 되는 것은 단순히 농부로 살아가는 것 이상의 중요한 의미를 지닌다. 지금의 지구는 사람들이 편리한 삶을 추구하며 내뿜은 이산화탄소로 인해 앞으로 그 생명이 오래가지 못할 정도로 많은 기후환경 변화에 몸살을 앓고 있다. 이런 때에 생명농업을 통해 에너지를 적게 소비하고 버려지는 자원들을 농업에 활용하고 더 많은 땅을 낙엽과 풀로 덮어 생명이 더 잘 자라갈 수 있게 만들어가는 것은 바로 지구촌을 더 지속가능하게 만드는 숭고한 일이 될 것이다. 그런 자부심을 가지고 농사한다면 자신의 농사가 더욱 즐거워지고 의미 있는 일이 될 것이다.

건강한 먹거리를 생산하고 안심하고
나눌 수 있는 나눔이

───── 생명농업 농부는 누구나 안심하고 먹을 수 있는 건강한 먹거리를 생산하는 사람이다. 생산하는 과정이 안전하고 더 이상 독이 들어 있는 것들을 사용하지 않으며 사랑으로 작물을 돌봄으로써 영양 못지않게 사랑받고 자라난 먹거리를 생산하고 나눌 수 있다. 자신이 정성을 다해 잘 키운 먹거리를 마치 자식처럼 이웃과 소비자들에게 나눌 수 있으니 그 얼마나 큰 행복이 아니겠는가! 지금까지 살아온 나의 일생을 돌아보면 농부로 살 때가 가장 마음이 부요했고 물질로도 사람들과 나눌 수 있는 것들이 많았던 시절이었다. 대가 없이 나눌 것이 많은 사람이 가장 행복한 사람이 될 것이다.

사람과 자연 환경과 조화로운 생활

───── 생명농업 농부가 경작하는 땅은 땅의 디자인부터 다르다. 생명농업 농부의 경작지는 사람과 손수레 등이 다닐 수 있는 길과 작물이 잘 자랄 수 있는 두둑과 사람도 다니지만 풀들도 자랄 수 있는 골로 구분되어 서로 어디에서 자랄 수 있는지가 구분되어 있다. 경작지를 디자인할 때 주변 자연환경도 고려하여 주변 환경과 가장 어울릴 수 있는 방안을 강구한다. 위험요소들이 별로 없는 환경을 조성하기에 맨발로 온 땅을 밟고 다니며 그곳에서 자라는 동식

물들과도 즐겁게 대화하며 조화로운 삶의 모습을 보여줄 수도 있다. 생명농업 농부의 땅은 건강한 먹거리의 생산현장이 될 뿐만 아니라 온 생명들이 함께 즐겁고 조화롭게 살아가는 행복한 생태계가 될 것이다.

자신의 똥오줌을 비롯해 주변의 버려지는 자원을 활용해낼 수 있는 능력

───── 생명농업 농사를 하다 보면 생활하다 나온 쓰레기 대부분을 자원으로 활용할 수 있는 능력이 생긴다. 각종 음식을 만들다 나온 생활 음식 찌꺼기도 쓰레기가 아니라 땅을 기름지게 만들 수 있는 자원으로 활용할 수 있다. 밭 가에 널려 있는 풀들이나 마른 풀들도 제초제로 죽일 것들이 아니라 낫으로 잘라와 두둑에 덮어주면 좋은 자원이 된다. 오물로 여기는 자신과 가족의 똥오줌도 생태적 화장실을 이용해 좋은 퇴비의 재료로 활용할 수 있다. 쌀을 씻고 나오는 쌀뜨물이나 과일이나 야채를 씻은 물도 버릴 것이 아니라 작물에게 주면 좋은 영양제가 된다. 심지어 버릴 수밖에 없던 비닐봉지들도 야채를 수확해 이웃과 나눌 때 이용할 수 있게 된다. 지구촌의 미래를 위해 쓰레기를 생산하지 않는 삶도 중요하고, 쓰레기로 분류될 수도 있는 자원을 진정한 자원으로 만들 줄 아는 생명농업 농부의 삶은 위대한 삶이다.

모든 생명을 존중하고 사랑하는 삶

——— 생명농업을 하다보면 만나는 모든 생명체들을 존중하고 사랑하게 된다. 밭가나 골에 풀이 나는 것도 반갑고 해충으로 여기는 애벌레나 곤충들이 오는 것도 사랑스럽다. 내가 경작하는 땅이 자연이 살아 숨쉬는 현장이라는 생각이 들기 때문이다. 질병이나 해충에 시달리며 힘들어 하는 작물에게 더욱 사랑으로 정성을 기울이면 다시 건강해지는 모습을 보는 것도 보람이 된다. 심지어 가끔씩 발에 걸리는 돌들도 반갑다. 돌은 빗물을 머금고 있다가 가물 때 조금씩 내어주어 작물이 가뭄을 덜 타게 만들어주기도 하고, 작물들이 필요로 하는 미량원소를 공급해주는 역할을 하기도 한다. 그러니 어느 것 하나 사랑스럽지 않은 것이 없는 셈이다.

생명과 생태교육의 현장 역할

——— 생명농업 농부가 경작하는 농장은 초중고생이나 성인들을 위한 탐방 및 생태교육 현장으로 활용하기에 좋다. 농약이나 제초제를 치지 않으니 안심하고 농장을 걸어 다닐 수도 있고, 다양한 생명체들이 공생하며 살아가는 모습을 관찰하기에도 참 좋다. 교육에 참여한 이들이 체험활동을 하면서 농부가 해야 할 일손을 돕는 역할도 가능할 것이다. 체험활동에 참여하면서 생명에 대한 이해와 관심도 높아지고 지구촌을 아름답게 만들어가려는 마음도 생성될

수 있다. 또한 스스로 건강한 먹거리를 생산하는 과정에 참여해본 이들은 안심하고 그 생산물의 나눔 과정에 참여하는 소비자가 되어도 좋을 것이다.

3 생명농업 농부가 준비해야 할 것들

생명농업 농부가 되려면 준비해야 할 것들이 많이 있다. 회사 하나를 창업하려고 해도 다양한 준비가 필요하듯이 생명농업 농부가 직업이 되려는 이들에게는 나름 준비하고 갖추어야 할 것들이 필요하다. 농업은 상당히 많은 과정과 분야를 가지고 있어서 소규모 가족농이라고 하더라도 중소기업 하나를 운영하는 것이나 마찬가지라고 볼 수 있다.

건강한 먹거리 생산 운동에 참여하려는 마음과 의지

——— 생명농업 농부가 되려면 가장 먼저 준비해야 하는 것이 건강한 먹거리 생산 운동에 참여하려는 마음과 의지이다. 생명농업으로 전업농이 되려는

이들이나 부업 혹은 취미농이 되려는 이들 모두 마찬가지이다. 건강한 먹거리 생산 운동은 곧 지구촌을 살리는 운동이 된다. 그런 바른 인식과 세계관과 가치관으로 무장할 때 제대로 된 생명농업 농부가 될 수 있다. 거대한 자본주의와 상업주의적 흐름 속에서 흔들림 없이 올곧게 나아가는 생명농업 농부로 우뚝 서는 모습이 필요하다.

생명농업에 대한 이해와 전문성

――― 생명농업을 제대로 실천하기 위해서는 생명농업이 무엇이며 어떤 정신과 가치관을 가질 것인지, 그 실천 방법은 무엇인지 제대로 이해하고 익힐 필요가 있다. 책을 통해 학습할 수도 있고, 이미 생명농업을 실천하고 있는 농부나 집단에 들어가 배울 수도 있다. 학습과 준비가 부족하면 귀가 얇아져 더 좋다고 하는 다른 이론이나 기술을 만나면 쉽게 자신의 본래 길을 저버릴 수도 있다. 생명농업에 대한 전문성을 갖추고 있다면 더욱 좋다.

농사지을 수 있는 땅(경작지) 준비

――― 생명농업 농부로 살기 위해서는 자신이 경작할 수 있는 땅이 있어야 한다. 자신의 땅이어도 좋고 장기적으로 사용할 수 있도록 임대한 땅이어도 괜

찮다. 그 면적은 작아도 되고 감당할 수 있다면 제법 큰 면적도 문제없다. 도시 농부라면 스티로폼 상자 몇 개나 텃밭상자 몇 개라도 좋고 도시의 자투리땅으로 일군 텃밭도 괜찮다. 어느 쪽이든 좀 더 장기적으로 사용할 수 있는 땅이어야 좋다.

땅을 기름지게 만들 수 있는 재료들

—— 생명농업 농부가 해야 할 중요한 일 가운데 한 가지는 바로 좋은 땅을 만드는 일이다. 필요한 재료들을 잘 갖추고 활용하기만 하면 좋은 땅을 만드는 일은 그리 어렵지 않다. 필요한 재료들이란 두둑에 덮어줄 낙엽과 부엽토, 작물의 영양이 될 좋은 퇴비이다. 낙엽과 부엽토는 주변 산이나 공원에서 구할 수 있다. 도시의 각 구청 시설관리공단이나 대학 캠퍼스 등에서는 바람과 길에 날리는 낙엽을 모아 쓰레기로 처리하는 경우가 많은데 활용해주기를 바라는 곳들이 제법 된다. 퇴비는 영농재료를 파는 곳에서 사서 사용해도 좋지만 장기적인 관점에서는 생태화장실과 퇴비장을 이용해 직접 생산해서 사용하는 것이 가장 좋다.

심고 싶은 씨앗이나 모종

───── 농부가 준비해야 할 것 중 하나가 바로 좋은 씨앗이다. 그 지역에 오래 살아남은 토종씨앗이나 토종씨앗으로 키운 모종을 구하는 것이 좋다. 토종씨앗도서관들이나 토종을 사랑하는 모임들에서 좋은 토종씨앗을 구할 수 있다. 심어야 할 면적이 작은 때는 씨앗 값이 별로 부담되지 않지만 그 단위 면적이 제법 커지게 되면 씨앗이나 모종 값도 만만치 않다. 그런 씨앗 값을 줄이려면 종자를 자가 채종하는 것이 좋다. 나는 2019년에 김포에서 40여 가정과 함께 생명농업 공동텃밭농사를 지으면서 20여 종의 씨앗을 받았다. 대표적인 것 몇 가지를 소개하면 대파씨, 청겨자, 적겨자, 상추, 해바라기, 고추, 오이, 가지 등이다. 씨앗을 보유하고 있는 농부는 마음이 든든해진다.

스스로 채종한 씨앗의 발아율이 떨어진다고 걱정할 필요도 없다. 종묘상에서 산 씨앗들도 발아율이 70~80%정도로 표기되어 있다. 100알에서 발아율 70%인 고추씨를 심어서 70~80포기 정도의 고추를 키울 수 있다면 스스로 채종한 고추씨는 발아율이 20~30% 일지라도 1000개의 씨앗으로 모종을 붓는다면 200~300포기의 고추를 키울 수 있으니 더 많은 고추를 수확할 수 있을 것이다. F1에서만 잘 발아되고 F2에서는 발아가 잘 되지 않는다는 말은 사실일 수도 있지만 그것은 항상 종묘회사만 이롭게 하는 말이라는 사실을 자각하자. 좋은 농부는 끊임없이 실험해보는 실험정신을 가진 농부이다.

농사지을 때 사용할 농기구와 농자재

——— 농부 자신이 지을 농사의 규모에 따라 준비해야 할 농기구의 종류가 달라질 수 있다. 생명농업에서는 한번 만든 두둑을 10년 이상 사용하는 것을 원칙으로 삼기 때문에 매년 땅을 갈 필요가 없다. 그래서 대형 농기계는 거의 필요가 없다. 가장 필요한 것은 두둑 만들 때 용이한 관리기 정도이지만 그것도 1ha 미만의 경작지라면 필요 없을 수도 있다. 두둑을 만들 때는 대체로 삽과 괭이와 갈구리처럼 생긴 레기로 두둑을 만들거나 보수할 수 있다. 씨앗 파종이나 모종을 심을 때는 모종삽과 모종을 넣고 쉽게 심을 수 있는 간이 파종기가 있으면 좋다. 두둑에 낙엽이나 풀을 덮어주기 위해서는 운반용 외발 손수레가 꼭 필요하다. 손수레는 두둑관리와 파종과 수확 어느 때나 필요한 필수 운반기구이다.

잡초제거용으로는 일반적으로 호미를 많이 사용하지만 생명농업에서는 골이나 밭가에 난 풀을 베어오기 위해 낫을 많이 사용하는 편이다. 호미로는 풀을 잡기 어렵지만 낫으로는 풀을 쉽게 잡을 수 있다. 작물을 돌볼 때 많이 쓰이는 것은 가위이다. 고추나 토마토, 가지, 수박 등 곁순을 잘라주어야 하는 작물들을 돌볼 때 다치지 않도록 가위로 잘라주는 것이 좋다. 작물에 물을 주어야 할 때는 수도꼭지와 연결해서 사용하는 호스와 샤워 탭이 필요하고 작은 텃밭이라면 물을 받아 둘 통과 물조리가 필요하다. 병충해 방제를 위해서나 영양공급을 위해 엽면살포를 하기 위해서는 분무기와 계량컵이 있어야 한다.

농사용 부자재들

───── 키가 큰 작물들을 보호하고 관리하기 위해서는 지주대와 망치와 끈과 유인집게 등이 필요하다. 모종을 키우기 위해서는 크기에 맞는 모종상자와 모종을 옮겨 심을 때 사용할 대나무 핀셋이 있어야 한다. 과일나무나 주변 나무들을 돌보려면 전지가위나 톱이 필요하다. 작물을 튼튼하고 건강하게 키우기 위해 각종 영양제와 강장제와, 기피제를 담아두는 그릇들(항아리/상자/페트병 등)이 필요할 것이다. 그런 약제들도 사서 사용할 수도 있지만 스스로 만드는 방법을 별도로 소개할 것이니 자가 제조하는 것이 좋다. 농작업 할 때 안전을 위해 팔토시와 장갑과 모자가 있는 것이 좋다. 씨앗 보관과 침종을 위해 양파망 자루를 모아두면 쓰일 때가 많다. 승용차로 나르기에 벅찰 정도로 많은 생산물이나 운반해야 할 것들이 생긴다면 몇몇 농가가 힘을 합해 1톤 트럭 한 대 정도 공동으로 구입해서 사용하는 것도 좋다.

농기구와 부자재의 정리

───── 농사에 필요한 도구나 부자재를 정리하고 관리하는 모습을 보면 그 농부의 농사에 대한 마음가짐이나 수준을 짐작할 수 있다. 농기구들을 걸어 둘 수 있는 농기구대를 만들어 가지런하게 잘 정리하고 보관해 두어야 필요할 때 쉽게 찾아서 쓸 있다. 각종 부자재들과 씨앗들도 씨앗보관용 상자나 작은 용기

들에 담아 가지런하게 정리하고 보관하는 것이 좋다.

농사일지와 기록장

———— 좋은 농부가 되기 위해서는 자신의 농사계획과 실천 과정과 성과 및 평가 등을 꾸준히 기록하고 그 바탕 위에 새로운 계획을 세워가는 것이 필요하다. 영농일지와 각 작물별 작물 명찰과 기록일지, 수확과 보관과 판매 등을 기록할 수 있는 기록장, 연구학습노트 등을 구비해두는 것이 좋다. 이 정도면 생명농업을 실천할 농부가 갖추어야 할 기본적인 것들이 준비되는 셈이다. 열심히 생명농업 농사를 지어보자.

4 생명농업 농부가 갖춰야 할 기본 덕목

세계를 보는 바른 눈

——— 생명농업 농부가 갖춰야 할 기본 덕목 중에 가장 중요한 것은 생명 중심의 세계관을 확립하는 일이다. 세상의 그 어떤 가치관보다도 생명이라는 가치가 최우선임을 명심해야 한다. 생명이 생명답게 아름답게 꽃피는 세상이 될 수 있도록 농부가 경작하는 터전도 생명의 현장으로 만들어가야 한다. 손해를 감수하더라도 생명을 해치는 일은 절대 하지 않겠다는 확고한 의지가 있어야 한다.

지구의 현재와 미래를 생각하는 농업

─────── 농업을 한다고 해서 좁은 의미의 농업에만 머물러서는 안 된다. 우리가 발 딛고 서 있는 지구촌 전체의 현재와 미래를 함께 생각하는 농부가 되어야 한다. 지구의 온도가 급격히 상승해감으로써 각종 이상 현상이 발생하는 지구촌의 현실을 생각하며 어떻게 하면 우리 후손들에게 건강하고 아름다운 지구를 물려줄 것인가를 생각하며 농사지어야 한다. 그렇지 않고 이익에 집착하여 수단과 방법을 가리지 않고 농사하게 되면 이 지구촌의 미래는 불투명하거나 오래가지 못하게 될 것이다. 언제나 선택의 기준이 지구촌의 미래를 위해 밝은 전망을 내올 수 있는 것이어야 할 것이다.

올바른 것을 분별할 수 있는 가치관과 판단력

─────── 생명농업을 실천 하면서 사용해야 할 것과 아닌 것들을 구별할 수 있는 능력을 갖추어야 한다. 어떤 것을 하지 말아야 할 것인지 어떤 것들을 적극 권장하고 실천해가야 할 것인지를 제대로 판단하고 분별할 수 있는 눈이 있어야 한다. 토종종자와 개량종과, GMO종자 가운데 어떤 것을 심고 어떤 것을 멀리해야 하는지를 바로 알아야 한다.

훌륭한 도덕성과 품성

——— 생명농업 농부는 자신과 땅과 하늘에 정직하고 성실한 사람이면 좋겠다. 남이 본다고 잘하고, 보지 않는다고 몰래 다른 짓을 하는 자가 아니라 초지일관 믿을 만한 사람이 되어야 한다. 생명농업을 실천해가는 중에 많은 어려움과 실패가 있을지라도 두려워하지 않고 끊임없이 도전해가는 용기 있는 농부가 되자. 이웃 농부에 대한 경계심과 질투보다는 더 멋진 세상과 밝은 지구촌의 미래를 위해 함께 협력하는 마음을 지니면 좋겠다.

나눔과 섬김의 정신

——— 상업주의에 기초한 농사가 아니라 건강한 먹거리 생산과 나눔의 정신에 입각한 농사를 짓는 농부가 되자. 자신과 가족의 생명도 소중하지만 소비자의 생명을 자신의 생명처럼 여길 줄 아는 농부가 되면 더욱 좋을 것이다. 사랑과 정성으로 키운 작물을 나의 좋은 이웃에게 나누는 심정으로 농사하고 가공하고 나누는 농부가 되자.

올바른 농사 방법인 생명농업 분야의 전문가

───── 생명농업에 대한 올바른 방법을 체득하여 실천하고 자신의 분야에 대해 깊이 연구함으로써 해가 갈수록 전문성을 확대하고 심화시켜가는 연구자가 되면 좋겠다. 끊임없이 연구하고 실천하는 실천적 지식인 농부가 되자. 자신이 알아내고 체계화한 내용일지라도 독점하기보다는 더 많은 농부들과 나눔으로써 지구촌의 발전에 기여하는 자가 되자.

경영적 안목과 능력

───── 생명농업 농부는 올바른 관점에서의 경영적인 마인드를 갖출 필요가 있다. 영농일지를 쓰고 연구학습노트를 기록하며 더 좋은 방법을 찾아나가야 한다. 1차 생산뿐만 아니라 1, 2차 가공과 3차 가공까지 생각하고 유통과 판매도 함께 볼 줄 아는 6차산업적 관점을 지닐 필요가 있다. 그러나 그러한 경영마인드의 근저에는 언제나 생명사랑과 나눔의 정신이 깔려 있어야 한다. 군이 많은 욕심을 내지 않아도 된다. 올바른 관점과 방법으로 열심히 농사하며 나누다보면 점점 더 나눌 것이 많아지는 경험을 쌓는다. 나는 내가 살아온 삶을 돌아보면 생명농업으로 농사하던 때가 몸과 마음과 정신이 가장 풍요로웠던 것을 기억한다. 건강한 먹거리였기에 누구에게나 마음 놓고 권유하고 나누어 주어도 좋아했다. 나누어 주어도 주어도 또 나누어 줄 것이 있는 것이 농사이기 때문이다.

뜻을 같이하는 이들과의 연대를 통해
올바른 목표 향해 나아가기

───── 농사는 혼자 짓는 것이 아니다. 가족과 이웃 농부도 필요하고 소비자들도 필요하다. 혼자 독점할 것이 아니라 더 많은 농부들과 협력하며 학습모임도 만들고 협동조합도 만들어 서로 돕는 농부가 되자. 농민 단체와 소비자 단체들과도 협력하여 국가 농업 정책과 세계 농업이 가야 할 방향을 제시할 줄 아는 농민이 되자. 세계 농부들 조직과도 연대하여 지구촌 어디를 가든지 좋은 농부 친구들이 즐비하여 여행이 즐거운 농부가 되면 얼마나 좋을까!

5   아름답고 실용적인
농장과 텃밭 디자인

농장이나 텃밭 디자인은 농장의 크기와 위치 모양 등과 농부의 철학과 세계관, 취미와 기호에 따라 다양한 모습을 띨 수 있다. 구체적인 땅을 가지고 있다면 그것을 중심으로 디자인하는 것이 좋다. 농사에서 아주 중요한 일 중의 하나가 바로 자신이 농사지을 농장을 잘 디자인하는 것이다. 아름답고 실용적인 농장 디자인에 필요한 원칙을 생각해보자.

구획과 모양 디자인:
길과 두둑과 골

───── 일반적인 농사에서는 큰길로부터 자신의 밭이나 논에 도달한 후에

는 더 이상 길이 필요 없다고 생각하여 경작지 내에 길을 잘 만들지 않는다. 그러나 생명농업에서는 경작지는 기본적으로 길과 두둑과 골로 구분하여 디자인하는 것이 필요하다. 길은 사람들과 손수레 같은 농사용 도구가 잘 지나다닐 수 있게 하는 곳이다. 길은 80cm 정도의 넓이로 만들면 된다. 제법 큰 땅이라면 몇 구획으로 나누어 여러 모양의 경작지로 구분하는 것도 좋다. 길을 먼저 디자인하고 전체 경작지의 테두리두둑을 만드는 것이 좋다. 테두리두둑은 50cm 정도의 넓이로 만드는 것이 좋다. 주로 금송화나 들깨 혹은 키 큰 작물들을 심어서 다른 농부의 밭과 경계를 짓는 역할도 하고 작물을 먹기 위해 오는 해충을 막는 울타리와 방어선 역할을 할 수 있게 해준다.

다음으로는 작물이 자랄 수 있는 두둑을 잘 만들어야 한다. 두둑은 한번 만들어 놓으면 허물거나 변형할 필요가 없이 10년 이상 반영구적으로 사용할 것이기 때문에 처음에 잘 만드는 것이 좋다. 작물에 따라 다양한 두둑이 필요할 수 있지만 내가 좋아하는 두둑은 외두둑(30cm)이 아니라 80cm 정도 되는 쌍두둑이다. 80cm가 넘으면 농부나 방문자들이 건너뛰기가 어려울 수 있다. 두둑은 작물과 미생물과 지렁이가 자라는 곳이어서 사람이 밟고 다니면 안 된다. 한 두둑의 길이도 20~30m 정도가 좋다. 너무 길면 물 빠짐이 좋지 않아 물이 고일 수도 있고 작업하는 데도 불편하다. 두둑의 높이는 20~30cm 정도가 좋다. 너무 낮으면 비가 많이 올 때 물이 고일 수 있어서 좋지 않다. 두둑이 너무 높아도 가뭄이 오면 수분 저장을 하기 어려울 수 있어서 좋지 않다.

두둑과 두둑 사이에는 골을 만들어야 한다. 골의 넓이는 30cm 정도가 적당하다. 골에는 사람이 다니면서 두둑에 있는 작물을 돌볼 수도 있고, 때로는 외발손수레에 퇴비나 농작업용 도구나 재료를 싣고 다니며 작업을 할 수도 있다. 그리고 골에는 다양한 풀(잡초)이 자랄 수도 있다. 풀이 자라는 것도 반가울 수 있는 것이 생명농업이다. 골에 난 풀이 잘 자라면 풀에게 양해를 구하고 낫으로 잘라서 두둑에 있는 작물의 주위에 덮어주면 미생물의 집이 되기도 하고 흙을 윤택하게 만들어주는 유기물 역할도 해준다.

현재의 상황과 조건 고려

───── 농장을 디자인할 때 농장이 지닌 현재의 상황과 조건을 잘 고려해야 한다. 농장이 산속에 있는지, 넓은 들판 한가운데 있는지, 해풍이 잘 불어오는 바닷가에 있는지, 농장이 있는 위치를 잘 생각해야 한다. 다음으로는 전체가 평평한 땅인지 산기슭 같은 경사진 지형인지, 언덕지형인지, 굴곡이 진 곳인지에 따라 다른 디자인을 할 수 있다. 농장 중 일부에 물이 잘 끼는 습지가 있다면 미나리나 물매화 같은 습지 작물을 심을 수 있도록 디자인 하는 것도 좋다. 땅의 크기도 중요한 고려의 대상이다. 크기에 따라 길과 두둑과 골의 모양을 다르게 배치할 수도 있다. 웅덩이나 연못을 하나쯤 만들어두면 가뭄에 물을 대기도 좋고 물고기를 키울 수도 있으며 연꽃을 심어 꽃도 보고 연뿌리도 얻을 수 있을 것이다.

필요한 기본 시설 넣기

——— 농장에 필요한 최소한의 시설을 배치하는 것이 좋다. 농장과 집이 한 곳에 붙어 있다면 많은 문제가 해결될 수 있다. 그렇지 않을 경우에는 농기구나 부자재를 넣어둘 수 있는 창고 겸 휴식 시설이 있는 것이 좋다. 일을 하다 보면 지칠 때도 있고 너무 더워 쉬어야 할 때도 있다. 농기구나 부자재들을 가지런하게 정리해 둘 수 있는 농기구 걸이대와 상자들을 배치할 구조물을 만들어 두는 것이 좋다. 농기구나 농사 도구들은 사용한 후에 비를 맞히지 않고 정리해서 잘 보관해야 오래 사용할 수 있다. 1~2칸으로 된 생태화장실과 3칸으로 된 퇴비장을 만들어두는 것이 꼭 필요하다. 퇴비장은 꼭 비를 맞지 않도록 지붕을 만들어 두어야 한다. 농장 한 켠에는 비닐하우스용 파이프를 이용하여 등나무나 칡 혹은 수세미 등이 자랄 수 있는 터널을 만들어 둔다면 아름답기도 하고 더울 때 쉴 수 있는 공간 역할을 할 수도 있다.

동물과 짐승의 침입 방어용 울타리

——— 요즘 가장 주의해야 할 문제 가운데 하나가 외부 짐승들이 농장에 침입하는 것을 방어하는 일이다. 한 해 농사를 잘 지어놓아도 멧돼지나 고라니가 침입해서 수확해야 할 고구마나 감자 혹은 배추 같은 것들을 다 훼손해버릴 수 있다. 고라니가 자주 올 수 있는 곳에서는 어린 배추나 고추 모종을 심어둔 뒤

에 잘 감시하지 않으면 순식간에 전체 모종을 다 먹어치우는 경우도 있으니 조심해야 한다. 자신이 키우거나 이웃집에서 키우는 닭이나 오리 같은 조류의 침입도 경계해야 한다. 그들이 뛰어놀 수 있는 공간과 작물이 자라는 공간은 엄격히 분리할 필요가 있다. 가능하면 철재나 나무로 예쁘면서도 튼튼하게 울타리를 만든 후 그 울타리에 아름다운 꽃을 피우는 덩굴장미나 능소화 같은 꽃을 심어도 좋고, 울타리를 타고 올라가는 오이나 수세미 혹은 호박 같은 넝쿨 식물들을 심으면 일거양득이 된다.

주변 지형이나 환경과의 조화

——— 농장을 디자인할 때 주변 환경을 고려해서 서로 잘 어울릴 수 있도록 해야 한다. 작물을 배치할 때도 해가 잘 드는 곳에는 양지 식물을 심고, 햇볕이 모자라는 곳에는 음지 식물을 심어주는 것이 좋다. 야산을 끼고 있는 곳이라면 산나물이나 버섯을 재배하는 것도 좋은 방법이다. 복합영농에 어울릴 수 있도록 축사나 양봉장의 위치도 잘 배치하는 것이 좋다. 벌을 키우면 열매나 씨앗을 얻어야 할 작물들의 결실이 몇 배로 늘어날 수도 있고 벌들이 모아온 화분과 꿀은 좋은 수입원이 되기도 한다. 축사를 지을 때 태양열 전지판을 지붕으로 삼아 짓는다면 에너지 비용이 절감되기도 하고 에너지를 얻을 수 있는 좋은 터전이 될 수도 있다. 바람이 많이 부는 곳이라면 바람막이용 숲을 조성하는 것도 전체 농사를 위해 좋은 방편이 될 것이다.

사철 꽃이 피는 아름다운 농장

———— 생명농업 농장에서는 별도의 화단을 만들 수도 있지만 경작지 둘레에 배치할 테두리두둑을 이용해 다양한 꽃들을 심을 수도 있다. 농장 울타리를 이용해 꽃을 심을 수도 있고, 야채밭 곳곳에도 다양한 꽃을 심어 농장 전체를 아름다운 꽃밭처럼 꾸밀 수도 있을 것이다. 우리가 상업주의적 영농에서 벗어나서 생명농업을 한다면 모든 땅에 작물을 심어 수익을 올리겠다고 바둥거릴 필요가 없다. 농장 전체가 마치 꽃밭처럼 된다면 보아서 좋고 일하는 내내 즐거울 수 있으며, 때로는 꽃차를 만들어 이웃과 소비자들과 나눌 수도 있으니 여러 가지 점에서 행복한 농사짓기가 될 것이다.

셋째 마당
좋은 흙 만들기

1   흙은 어떻게 이루어져 있나

좋은 농부는 땅을 옥토로 만들 줄 아는 농부이다. 땅 만들기도 못하면서 농사를 잘 짓고 좋은 결실을 바라기는 어렵다. 좋은 땅을 잘 만들려면 먼저 흙이 어떻게 구성되어 있는지, 흙의 종류는 어떤 것들이 있는지를 알아야 한다.

흙의 구성

───── 흙은 어떻게 구성되어 있을까? 흙 한줌을 짚어서 살펴보자. 전문가가 아니면 잘 모르겠지만 같은 분량으로 여러 가지 다른 종류의 흙을 함께 놓고 비교해 보면 상당히 다른 흙들이 많은 걸 알게 된다. 흙은 세 종류의 구성 물질로 되어 있다. 일반적으로 토양은 주로 흙 알갱이가 중심이 되고 유기물과 각

종 다양한 광물질(C/O/H/N/P/K/Fe/Ca/Cu/B/Mn/Cl/Mo/S 등)이 함께 있는 고상固狀(50%)과 수분液狀(25%), 공기氣狀(25%)로 이루어져 있다. 이처럼 세 가지 구성 성분이 50:25:25의 비율로 이루어져 있다면 이상적인 흙일 수 있지만 비료를 많이 준 땅은 흙이 딱딱하게 굳어져서 수분이나 공기가 들어갈 틈이 없게 되니 좋은 땅이 되기 어렵다.

흙의 종류:
토성土性

——— 흙의 성질에 대해 알아보자. 흙은 크게 두 종류로 구별할 수 있다. 먼지처럼 아주 작은 입자로만 구성된 흙을 점질토라고 한다. 진흙이라고 해도 좋다. 다른 한 종류는 제법 굵은 모래로 이루어진 흙이다. 모래흙 혹은 사질토라고 부른다. 모래는 굵기가 0.5mm~2mm 이하의 것을 말하고 그보다 큰 것은 돌멩이에 해당된다. 점토는 입자가 0.002mm 이하인 흙을 말한다. 모래와 진흙 사이의 것들을 가는 모래微砂라고 하며 입자는 0.002~0.5mm 사이이다. 여러 종류의 흙을 놓고 보면 논흙처럼 순전히 진흙으로만 구성된 흙도 있고, 바닷가 모래밭처럼 순전히 모래로만 이루어진 흙도 있지만 진흙과 모래가 적절히 섞여 있는 다양한 흙들이 있다는 사실을 알게 된다. 모래와 진흙이 반반쯤 섞여 있는 흙을 양토라고 부르고, 진흙이 좀 많으면 식양토, 모래가 좀 더 많으면 사양토라고 부른다.

흙의 종류에 따라 잘 자라는 작물

───── 흙의 성분이 어떠냐에 따라 그런 성질의 흙을 좋아하고 잘 자라는 작물들이 있다. 논에서 잘 자라는 벼를 생각해보면 금방 알 수 있다. 자신의 농장이 어떤 성질의 흙을 지니고 있는지를 잘 파악하여 그에 적절한 작물을 심는 것이 좋은 농사를 짓는 비결이 될 것이다. 그러한 것들을 대략 분류해보면 아래와 같다.

1) 점질토(찰흙/진흙): 물과 양분 간직 능력은 좋으나 배수는 불량─벼/미나리

2) 식양토(점토50/모래30/기타20): 밀/콩/팥/토란/연/호박

3) 양토(점토40/모래40/기타20): 작물 생육에 좋은 토양─복숭아/배/가지/배추

4) 사양토(점토30/모래50/기타20): 생육과 수확 빨라─보리/땅콩/고구마/토란/당근

5) 사질토(모래흙): 배수양호/수분 간직 힘들어─버드나무

흙의 구조:
홑알조직과 떼알조직

───── 흙이 진흙과 모래가 다양한 모습으로 섞여진 정도에 따라 점토와 사토와 양토로 구분된다는 것을 알았다. 그런데 또 흙의 구조는 무엇일까? 흙의 종류가 무엇이든 간에 그 속에 들어 있는 유기물과 미생물의 활동 유무에 따라

다시 구분할 수 있는 것이 흙의 구조다. 유기물이 하나도 들어 있지 않는 진흙이나 모래흙은 손으로 잡았다 내려놓으면 모두가 낱알갱이로 흘러내린다. 그런 흙을 홑알조직(단립구조)이라고 한다. 그런 흙은 보통 흙인데 흙 속에 공기층이 적어 통기성과 배수가 불량해진다.

그에 비해 흙 속에 유기물이 많거나 미생물의 먹이가 많으면 흙이 낱알로 존재하지 않고 서로 엉겨 붙은 모습을 띤다. 그런 흙을 떼알조직(입단구조)이라고 부른다. 그런 떼알조직의 흙이 되게 하는 것들은 각종 유기물과 지렁이똥이다. 떼알조직화된 흙이 바로 기름진 흙의 표본이다. 그런 흙에서는 흙 속에 공기가 다닐 구멍이 많아서(토양공극이 커져서) 통기성도 좋고 물도 잘 스며들며 작물이 뿌리를 뻗기도 쉬워진다. 어떤 종류의 흙이든 좋은 농사를 지으려면 유기물을 많이 넣어주어 미생물이 많이 살게 해주고 지렁이가 함께 살 수 있는 땅으로 만들어주는 것이 좋다. 말하자면 좋은 흙을 만드는 방법은 그리 어려운 것이 아니라는 말이다.

흙의 화학적 분석

────── 땅을 보다 더 잘 이해하려면 토양을 분석하는 방법을 사용하는 것이 좋다. 토양분석의 방법은 크게 세 가지로 나누어 생각해볼 수 있다. 먼저 토양을 화학적으로 분석하는 것이다. 흙 속에 들어 있는 유기물과 무기물의 종류와

양을 알아보고 토양 산도(ph농도)를 확인하는 것이다. 그래서 그 땅에 유기물 함량이 얼마나 되는지에 따라 유기농업의 기준(5% 이상)을 정하기도 했다. 산도 측정을 통해 땅이 얼마나 산성화 되어 있는지를 확인할 수 있다. 산성토양도 몇 가지 종류로 나눈다(미산성 ph6. 1~6. 6/약산성 5. 6~6. 1/강산성 5. 1~5. 6). 중성토양도 있고(ph 6. 6~7. 4), 알칼리성 토양도 몇 종류로 나눈다(약알칼리성 ph7. 4~7. 8/알칼리성 7. 8~8. 4/강알칼리성 8. 4~9. 0). 어떤 성질의 토양이냐에 따라 그에 잘 자라는 작물을 선택해 심는 것이 좋다.

흙의 물리성 분석

───── 이 방법은 흙 속에 들어 있는 물리적 성질들을 분석하는 방법이다. 우선 토양의 성질에 따라 진흙과 모래흙과 양토로 구분할 수 있다. 다음으로는 흙의 양이 얼마나 되느냐에 따라 토심이 깊고 얕음을 구별한다. 토심이 얕다는 것은 흙 속에 암반층이 있어서 흙이 20~30cm 밖에 없는 정도를 말하고, 흙이 몇 미터 이상 두껍게 깔려 있다면 토심이 깊다고 말할 수 있다. 토양의 깊이가 깊을수록 작물이 이용할 수 있고 뿌리를 뻗을 수 있는 여지가 많아진다. 마지막으로 물리성 분석에서는 수분유지 능력을 살핀다. 물을 얼마나 오래 담아둘 수 있는지 아닌지에 따라 작물을 키우는 데 물을 어떻게 공급해야 할 것인지를 알 수 있다. 대체로 홑알구조로 된 흙은 수분유지 능력이 적고, 떼알구조의 흙은 수분을 오래 머금을 수 있다. 지렁이가 살고 있는 떼알구조의 흙은

홑알구조의 흙에 비해 수분흡수와 유지 능력이 7~20배 정도로 늘어나기도 한다.

흙의 생물학적 분석

——— 흙 속에 살고 있는 생명체들이 얼마나 되는지를 살피는 것이 생물학적 분석이다. 순수한 모래로 구성된 흙이라면 그 속에 어떤 생명체도 살지 않을 수도 있다. 그에 비해 대체로 비옥한 땅이라고 불리는 흙 속에는 다양한 생명체들이 살고 있다. 우리의 눈에 보이지 않는 미생물로부터 선충과 지렁이와 이름도 잘 모르는 작은 동물들과 땅강아지, 두더지 등이 살고 있다. 그런 생명체들이 많이 살수록 좋은 땅이라고 볼 수 있다.

흙이 산성화 되면

——— 우리가 농사를 지으며 가장 경계하고 조심해야 할 것 가운데 하나가 땅이 산성화되는 것을 막는 일이다. 땅이 산성화되면 작물의 성장에 많은 문제점이 따르기도 하고 여러 가지로 폐해가 커지게 된다. 그런 문제를 하나하나 짚어 가보자. 우선 산성화되면 토양의 떼알구조가 붕괴된다. 떼알구조의 흙을 만들어가는 것이 생명농업 농사의 목표인데 떼알구조가 붕괴되면 좋은 농사

를 짓기 어렵다. 땅이 산성화되면 식물의 뿌리호흡과 성장에 방해가 된다. 뿌리가 양분을 잘 흡수하기도 어려워 땅속에 양분이 있어도 작물은 영양결핍상태가 되기 쉽다. 때로는 알루미늄이 흙 속에 많이 녹아들어 독성이 증가되기도 한다. 또한 땅이 산성화되면 유효한 미생물은 줄어들고 해로운 미생물이 증가하여 작물에 각종 질병을 일으키는 요인이 된다. 결국 토양의 수명은 단축되고 흙을 갈아주지 않는 한 더 이상 농사를 짓기 어려워진다.

흙을 산성화시키는 요인

─────── 그렇다면 흙을 산성화시키는 요인이 무엇일까? 가장 주된 요인은 화학비료를 너무 많이 사용하는 것이다. 유기물은 별로 넣지 않고 화학비료 중심으로 농사짓는 일반 관행농법을 오래 적용하면 땅은 점점 산성화되어 나중에는 화학비료를 사용해도 땅이 더 이상 결실을 내주지 못하는 땅으로 변해버린다. 산성비나 공해로 인한 대기오염물질이 농토에 들어와도 땅은 산성화될 수밖에 없다. 유기물로 된 것이기는 하지만 닭똥이나 돼지똥처럼 질소질이 너무 많은 거름을 과다하게 땅속에 넣어주는 것도 산성화의 요인이 된다. 호미로 잡초를 다 긁어내고 흙만 노출되어 있는 땅에 집중강우가 올 경우 좋은 표토가 다 유실되어 버린다. 좋은 흙이었던 표토가 유실된 땅도 산성화되기가 쉽다. 잡초를 나지 않게 하기 위해 두둑에다 비닐멀칭을 한 경우에도 땅은 숨을 잘 쉬지 못해 산소가 부족하니 산성화 될 수밖에 없다. 살균제와 살충제 같은 농

약을 많이 살포해도 흙 속에 살아가던 미생물과 각종 곤충들이 죽어버리게 되니 흙은 산성화 될 수밖에 없다. 이처럼 토양을 산성화시키는 요인들을 멀리하고 좋은 흙을 만드는 방법을 실천함으로써 건강한 먹거리 생산에 힘쓰는 생명 농업 농부가 되기를 바란다.

2 흙은 어떻게 판별할까: 토양검사 실험하기

자신의 농장에 있는 흙을 몇 군데 채취해서 각 지역 농업기술센터에 갖다 주면 기본적인 토양검사 결과를 알려준다. 그렇게 토양검사를 하는 것도 좋지만 농부 스스로 간단하게 토양검사를 하는 방법을 익혀서 나온 결과에 따라 땅을 잘 관리해나갈 수도 있다. 누구나 쉽게 토양검사를 통해 흙에 대해 이해할 수 있는 방법을 소개하니 잘 적용해보면 좋겠다. 여러 농부가 함께 모여 각자 자기 땅의 흙을 가져오고 주변에서 실험용 흙 표본들을 가져와서 검사를 해봐도 좋을 것이다.

1. 토양검사를 위한 준비물

1) 흙 표본(500g) 5~7개

2) 준비물 : 물/부삽/비닐봉지/컵/주전자/양파망/산도측정용지/식초/

3) 검사틀 : 페트병(2L) 6개/칼/가위

4) 기록용 : 검사내용 기록지/볼펜/명찰/매직펜

2. 흙 표본 채집 장소(예시)

1) 10년 정도 된 산속 부엽토

2) 낙엽 덮어서 잘 관리한 생명농업 농장의 흙

3) 비료 사용하는 일반 경작지 흙

4) 잘 숙성된 퇴비

5) 운동장이나 길의 흙

6) 유기물이 거의 없는 마사토

3. 검사 내용

1) 흙의 종류(진흙/모래흙/중간흙 등)

2) 흙의 구조(떼알구조/홑알구조/중간 정도 등)

3) 흙의 통기성(흙 속에 난 구멍/기포 등)

4) 흙의 색깔(검정색/누런색/흰색 등)

5) 흙의 촉감(부드럽고/거칠고/매끄럽고 등)

6) 흙의 맛(단맛/쓴맛/짠맛/신맛 등)

7) 흙의 냄새(향긋한/썩은/무취 등)

8) 흙의 산도(산성 정도/약알칼리성/알칼리성 등/식초도 함께)

9) 흙 속의 생물과 개체수

10) 흙 속 유기물의 양

11) 물의 통과 속도

4. 검사 내용 도표화해서 기록하기

구분	A	B	C	D	E	F
1. 흙의 종류						
2. 흙의 구조						
3. 흙의 통기성						
4. 흙의 색갈						
5. 흙의 촉감						
6. 흙의 맛						
7. 흙의 냄새						
8. 흙의 산도						
9. 유기물의 양						
10. 물 통과 속도						

5. 토양검사 후 소감 나누기

토양검사가 끝난 후 각자의 소감과 평가를 나눌 수 있다면 더욱 좋다. 특히 자신의 농장 흙에 대해 나름대로 확실한 이해를 할 수 있었는지, 그래서 어떻게 하면 좋은

땅을 만들어 갈 수 있을 것인지 감을 잡을 수 있었다면 만족스런 토양검사가 될 것

이다.

3 좋은 흙은 어떻게 만들까

토양검사를 농업기술센터에 의뢰하거나 스스로 해보면 흙에 대해 어느 정도 잘 이해할 수 있을 것이다. 그렇다면 이제 좋은 흙은 어떤 흙인지, 어떻게 하면 좋은 흙을 만들어갈 수 있는지에 대해 생각해보자.

좋은 흙이란?

────── 토심이 깊은 곳이 좋은 흙이 될 가능성이 높다. 흙의 깊이가 얼마 되지 않는다면 큰 나무가 자라기도 어렵고 많은 유기물을 함유하기도 어렵기 때문에 좋은 흙이 되기 어렵다. 유기물 함량이 높은 흙이 좋은 흙이다. 생명농업 농부의 농장이라면 보통 유기물 함량이 5~10% 정도는 되어야 한다. 가능하

면 유기물을 10% 이상 지니고 있는 땅으로 만드는 것이 가장 좋다. 유기물 함량이 높은 흙은 흙의 색깔이 검고 푸슬푸슬한 떼알구조를 가진다. 그런 흙에는 대체로 지렁이가 살고 있어서 더 좋은 떼알구조를 만들어가는 편이다. 산도는 중성(ph6. 5~7. 5) 정도가 좋다. 진흙이 35%, 미사가 35%, 모래가 20% 정도로 구성되면서 10% 정도의 유기물을 가진 흙이라면 가장 좋다. 결국 좋은 흙이란 통기성이나 보수성이 좋으면서 작물이 잘 자라고 많은 생산물을 낼 수 있는 흙을 말한다.

농부들의 땅에서 가장 좋은 흙이 있는 곳

——— 농부들의 요청으로 현장지도를 가거나 탐방하고 싶은 농장들을 가 보았을 때 내가 제일 유심히 보려고 애쓰는 일은 그들의 땅에서 가장 기름지고 좋은 땅이 어디일까를 살피는 일이다. 대부분은 내 예측이 빗나가지 않는다. 비닐멀칭을 했거나 제초제를 치는 농부들의 땅은 말할 것도 없거니와 유기농을 한다는 농부들의 땅도 예외는 아니다. 그들의 땅에서 가장 기름지고 좋은 땅은 바로 그들의 밭이 아니라 밭에서 쓸모없다고 던져 내놓은 풀들이 쌓여 있는 밭 언덕이다.

얼마 전 여수 농부교실에 가서 현장지도를 하며 경작지 디자인도 하고 두둑 만들기도 했다. 그러면서 몇 년 동안 풀과 나뭇가지들을 쌓아놓고는 사용하지 않는 구석땅을 찾아내어 그곳에 쌓인 재료들을 모두 새로 만든 두둑에 옮겨 덮었다. 그랬더니 그 땅 아래에는 지렁이를 비롯한 각종 작은 생명체들이 살고 있는 가장 좋은 땅이라는 것이 드러났고, 그 면적이 한 평 정도 되는 새로운 땅이 생겼다. 그처럼 농부들은 자기 땅을 기름지게 하는 좋은 재료를 좋은 것으로 생각하지 못하고 밭 가나 언덕으로 던져 버리며 농사를 짓고 있다.

좋은 흙을 만드는 방법 :
유기물 덮어주기와 땅갈이 않기

——— 그렇다면 좋은 흙을 어떻게 만들 수 있을까? 이 세상 그 어떤 농부보다도 숲이 더 좋은 흙을 잘 만들 수 있다고 이미 말한 바 있다. 숲의 방식을 따라하면 된다. 숲은 자신의 낙엽을 계속 흙 위에 덮어주는 방법을 사용한다. 생명농업 농부도 그런 숲의 방식을 따라 해주면 된다. 낙엽이나 풀 혹은 각종 농업부산물이나 왕겨나 톱밥, 볏짚이나 밀짚, 보릿짚 또는 작은 나뭇조각(우드칩) 등 식물성 잔재들을 두둑에 흙이 보이지 않게 덮어주기만 하면 된다. 그런 식물성 잔재들은 미생물의 집이 되어 많은 미생물들이 들어와 살 수 있게 된다. 미생물들이 많아지면 먹이사슬로 인해 선충과 지렁이와 작은 곤충과 생물들이 살 수 있는 땅이 된다. 그렇게 미생물과 작은 생명체들이 잘 살게 하려면 농약과 비료와 제초제를 사용하지 않아야 한다. 토착미생물을 배양하여 좋은 퇴비를 만들어 흙 속에 넣어주거나 풀을 덮어준 위에 적당량을 뿌려주어도 좋다. 미생

물은 건조한 곳보다 약간의 습기가 있는 곳을 좋아하고 더 많이 번식하므로 수시로 수분을 공급하거나 빗물을 받아서 뿌려주어도 좋다. 땅이 더욱 좋아지려면 매년 땅갈이를 하는 농사법을 버리고 한 번 만든 두둑을 10년 이상 땅갈이하지 않고 사용하는 것이 좋다. 식물의 잔재로 이루어진 유기물 덮어주기와 무경운 농법이야말로 좋은 땅을 만드는 최선의 방법이 될 것이다.

유기물 덮어주기의 효과

———— 농사지을 두둑에 유기물을 덮어주기만 하면 좋은 땅이 만들어진다고 했다. 어떤 점에서 그렇게 될 수 있는지를 살펴보자. 유기물을 흙 위에 덮어주면 그 유기물이 그 땅 주변에 살고 있던 미생물의 집이 될 수 있다. 미생물이 가장 많이 살고 있는 곳이 그들의 먹이가 되고 집이 될 수 있는 숲속이다. 단순한 숲이 아니라 낙엽이 쌓여있는 숲이다. 맨흙만 노출되어 있는 땅에서 미생물이 살 수 있는 곳은 작물이 뿌리를 내린 땅속 일부와 작물의 줄기와 잎뿐이다. 그에 비해 작물 주변에 숲처럼 낙엽이나 많은 유기물이 덮여 있다면 미생물들은 집과 먹이가 있으니 좋아라 하며 몰려와 살 수 있게 된다. 어느 곳이 미생물이 많을지는 너무도 자명한 것이다.

두둑에 유기물을 덮어두면 햇볕이 나도 표면의 수분 증발양이 상당히 줄어든다. 따라서 흙에 보습효과를 주기도 하고, 장마가 와서 많은 비가 쏟아져 내려

134

도 표토가 유실되거나 두둑이 무너져 내리는 사태가 오지 않는다. 추울 때는 땅의 온도를 높여주는 역할을 해서 유기물이 잘 덮인 두둑은 겨울철이 되어도 잘 얼지 않는다. 또한 유기물 덮어주기는 너무 더운 여름철에 지온이 지나치게 올라가 작물이 시드는 현상을 방지해주기도 한다.

유기물 덮어주기의 가장 중요한 효과 가운데 하나는 작물의 성장에 방해가 되는 풀이나 잡초가 나는 것을 막아주는 일이다. 풀 때문에 농사짓기가 가장 힘들다는 고백을 많이 듣지만 이런 방법을 쓰면 별도의 김매기가 필요 없을 정도로 풀을 걱정하지 않고 즐겁게 농사를 지을 수 있다. 미생물들이 집으로 사용하던 유기물 위에 새로운 유기물을 보충해서 덮어주면 이전의 유기물은 미생물의 먹이가 된다. 유기물이 덮여 있는 땅은 그렇지 않은 땅에 비해 양분 보습 능력이 4~20배 정도 뛰어나다. 게다가 미생물이 먹어치운 유기물들은 좋은 퇴비가 되어 작물의 뿌리가 잘 흡수하게 되니 작물이 건강하게 자랄 수 있게 된다. 작물이 건강하게 자라면 병충해에 대한 저항력이 절로 좋아지게 되니 유기물 덮어주기야말로 좋은 땅을 만드는 핵심요소라 할 수 있다.

지렁이가 살고 있는 땅

———— 좋은 땅 하면 떠오르는 것 중 하나가 지렁이가 살고 있는 땅이다. 유기물 덮어주기를 잘 한 땅에 가보면 여지없이 많은 지렁이들이 살고 있는 모습

을 볼 수 있다. 지렁이는 여러 가지 점에서 좋은 땅을 만드는 능력을 가지고 있다. 우선 지렁이는 농경지의 유기물을 먹고 살아가면서 유기물을 잘 분해하는 역할을 한다. 그런 유기물을 먹고 배설한 지렁이똥은 흙을 떼알구조화 시키며 땅을 기름지게 만드는 가장 좋은 재료가 된다. 이 세상 그 어떤 퇴비보다도 더 좋은 지렁이똥을 지속적으로 만들어낼 수 있는 땅이라면 계속해서 많은 퇴비를 넣지 않아도 된다. 지렁이의 먹이가 될 수 있는 유기물을 계속 덮어주기만 해도 그것을 먹고 배설하는 지렁이들이 많으면 되는 것이다.

지렁이의 끈끈한 액에는 살균작용이 있어서 지렁이가 사는 땅에는 작물에 해로운 균들이 살기 어렵다. 지렁이는 땅갈이의 선수다. 지렁이 한 마리가 1년에 땅속에 낼 수 있는 길은 그 길이가 4km 정도가 된다. 땅속 곳곳에 그 정도의 많은 터널을 만들어 놓게 되니 작물이 뿌리를 뻗거나 뿌리가 숨을 쉬는 데 너무나 도움이 된다. 작물이 힘들지 않고 뿌리를 깊이 뻗어 작물의 윗부분 줄기나 열매가 튼실해질 수밖에 더 있겠는가! 지렁이가 살고 있는 떼알구조화 된 땅은 그렇지 못한 땅에 비해 수분흡수율이 7~20배 정도로 높다. 그래서 웬만한 장마에도 두둑이나 골이 질퍽거리지 않고 어느 정도의 가뭄에도 작물들이 수분 부족을 겪지 않을 수 있다. 우리들의 생명농업 농장을 지렁이가 살 수 있는 땅으로 만들자. 좋은 땅을 만들 줄 아는 농부야말로 대농이 될 수 있다.

4 인분은 땅 살리기의 원천
(생태화장실)

갈수록 문제가 되는 삶의 방식 가운데 하나가 사람의 똥오줌을 어떻게 처리하는가 하는 문제이다. 도시는 물론이지만 농사를 짓는 농촌에서조차도 사람의 똥오줌은 자원으로 활용되지 못하고 오염물질로 천대를 받고 있다. 그것도 제대로 된 처리방식을 갖지 못하고 땅속에 묻거나 깊은 바다에 해양투기를 하여 바다를 오염시키는 방식으로 처리하는 나라들이 대부분이다. 생명농업에서는 어떻게든 사람들의 똥오줌을 오염물질이 아니라 땅을 살리고 지구를 살리며 먹거리를 건강하게 생산해낼 수 있는 자원으로 만들어가기를 원한다. 그러기 위해서 먼저 세계의 다양한 화장실 문화가 어떤지를 살펴볼 필요가 있을 것이다.

세계의 다양한 화장실 문화

───── 인도와 아프리카 말라위에서 현지 농부들에게 생명농업을 지도할 때 인식을 전환시키기 어려웠던 문제가 바로 사람의 똥오줌을 자원화 시키는 일이었다. 그래서 처음부터 똥오줌을 퇴비로 만들자고 밀어붙이기보다는 세계의 화장실 문화를 먼저 살펴보는 것으로 출발을 했다. 생명농업 워크숍을 하면서 그들이 직접 사용하고 있는 화장실 문화를 그림으로 그려보거나 말로 설명하게 해보았다. 그러면 그림을 그려가며 잘 설명하고 문제점도 지적해낸다. 그렇지만 대책까지도 내어놓는 경우를 보기는 어려웠다. 나는 인도와 아프리카에서 직접 살아본 경험이 있기에 그들의 화장실 문화를 더 잘 이해하고 새로운 생태화장실 문화를 설득해낼 수 있기도 했다.

인도 농촌의 화장실 문화

───── 일반적인 인도의 농촌 농부들의 집에는 화장실이 없는 경우가 대부분이다. 2000년대 초반 우리 가족이 인도에 살 때만 하더라도 70% 이상의 농가가 화장실을 갖지 못한 채 거리나 들판에서 일을 보는 상황이었다. 고속도로를 달리다가 똥오줌이 마려워 공용화장실을 찾기도 어려웠다. 가끔 주유소에 들러 화장실을 찾아도 직원들이 고개를 돌려 가리키거나 손으로 들판이나 빈터를 가리키는 경우가 허다했다. 한국에서 방문한 탐방자들이 처음에는 들판

에서 일을 보는 것을 한사코 거부하다가 가도 가도 화장실을 찾기 어려워지면 결국은 내츄럴토일렛을 외치며 기사에게 적당한 곳에 차를 세워달라고 하여 들판의 나무나 풀 뒤쪽을 찾아가기가 일쑤였다. 남자는 차의 오른쪽, 여성은 차의 왼쪽으로 가서 일을 보는 식이었다. 농촌 마을 진입로마다 어린아이들로 부터 노인에 이르기까지 길가에 볼일을 본 것 때문에 냄새가 나고 환경위생이 문제가 된다. 인도의 위대한 인물 중 하나인 비노바 바베는 브라만 출신이면서 도 불가촉천민들이 매일 길거리에서 볼일 본 것들을 치우는 일을 했던 이야기 를 통해서도 인도의 화장실 문화를 여실히 이해할 수 있다. 그들도 좋은 문화 가 아니라고 인정하면서도 그것을 이용하려는 모습은 보기 어려웠다. 대신에 소똥이나 말똥은 길을 가다가도 열심히 손으로 주워서 집으로 가져가는 모습 은 쉽게 눈에 띄었다. 화장실이 있는 경우도 대부분 수세식인 경우가 많았다. 수세식으로 화장실을 만드는 데 비용이 제법 들어가니 아예 만들지 않고 들판 이나 길을 선택하지 않았을까 싶다.

아프리카의 전통 화장실 문화

———— 아프리카 말라위에서 경험한 화장실 문화는 또 다른 모습이었다. 대 부분의 가정에 화장실은 있었다. 그들은 화장실을 만들기 위해 먼저 땅을 판 다. 보통 가로 30~50cm 세로 1m, 깊이 2~3미터 정도로 파고 그 위에 나무를 걸치고 적당히 벽을 쌓고는 일을 본다. 구덩이의 옆이나 바닥은 아무런 덧칠을

하지 않는다. 시멘트 값이 비싸기 때문에 시멘트를 재료로 사용할 수가 없었다. 화장실 담벼락도 시멘트 없이 흙벽돌을 진흙을 이용해 쌓은 정도이다. 지붕재료도 별로 없어서 나무로 얼기설기 엮어두거나 그마저도 없는 경우가 대부분이었다. 결국 비가 오면 빗물이 화장실 구덩이로 들어가기 쉬웠고 빗물과 오줌은 계속해서 지하로 스며들어 결국은 지하수를 오염시키는 결과를 가져왔다. 그래서 마을마다 화장실로부터 200m 이상 떨어진 곳에 지하수개발을 해야 한다고 주의사항을 붙여놓았지만 그것을 지키기도 어려웠다. 농부의 가족들이 계속 같은 화장실을 사용하다 찌꺼기가 거의 구덩이 입구까지 다 차오르면 흙으로 덮어버리고 근처의 또 다른 곳에 새로운 구덩이를 파고 화장실을 만든다. 어디에도 사람 똥오줌을 자원으로 이용하는 모습을 보기 어려웠다.

아프리카나 인도에 소개된 유럽식 생태화장실

——— 아프리카나 인도에 유럽의 비영리민간단체들에서 소개한 화장실을 여러 곳 본 적이 있다. 그런 화장실은 대체로 2층으로 만들어서 아래층을 두 칸으로 분리시켜 놓는 방식이었다. 그래서 똥과 오줌이 한곳으로 모이지 않고 각각 분리되어 따로 모이게 하는 방식이었다. 일정한 양이 모여지면 그것을 다른 재료들과 함께 퇴비로 만드는 방식을 취하고 있었는데 그 다음 단계는 잘 진전되는 곳을 보기 어려웠다. 그런 화장실도 많은 냄새가 나기는 마찬가지였고 농업용으로 잘 활용되기는 어려웠다. 생태화장실이라고 이름을 붙여놓긴 했지

만 내 기준으로는 생태화장실로 보기는 어려울 것 같았다.

한국의 전통 화장실 문화

———— 이제 우리나라의 전통 화장실 문화로 돌아와 보자. 우리 조상들은 어느 지역에서나 사람의 똥오줌을 철저하게 농업에 잘 활용하는 방식의 화장실 문화를 가지고 있었다는 점에서 세계 어느 나라보다도 훌륭한 화장실 문화를 가졌다고 볼 수 있을 것 같다.

경상도와 전라도에서는 주로 구덩이를 파고 항아리를 묻어 똥오줌이 다른 곳으로 새나가지 않게 받아서 농업용으로 사용하는 방식이었다. 오줌만으로 물이 모자라면 물을 더 부어서 똥장군에 퍼 담아 지게에 지고 논밭으로 내가서 뿌리곤 했다. 잘 관리하지 않으면 화장실에는 항상 구더기가 끓기도 하고 고약한 냄새가 나서 화장실을 다녀오면 옷에 냄새가 배는 경우도 많았다. 그에 비해 제주도에서는 화장실을 주로 2층으로 만들었다. 아래 바닥에는 검은 돼지를 키우고 2층을 주로 화장실로 사용했다. 똥을 먹고 자란 돼지가 맛있다고 해서 지역특산물이 되기도 했다. 본래 돼지우리에서 나는 냄새 정도 외에 더 심한 냄새가 나지는 않았다. 인도나 아프리카에서 이런 방법을 권유해본 적이 있지만 누구도 그런 화장실을 원치 않았다.

강원도식 화장실 문화

─────── 또 다른 화장실 문화는 강원도식이다. 강원도에서는 화장실을 만들 때 구덩이를 파지 않았다. 마치 헛간처럼 화장실을 좀 더 넓게 만들어 한쪽에 는 재나 풀이나 톱밥, 왕겨 등을 모아두고 가운데는 댓돌 두 개만 놓고 일을 보 게 했다. 재나 톱밥, 왕겨 등을 댓돌 사이에 한 삽 정도 놓고 일을 본 후 다른 한 쪽으로 쳐낸 후 다른 재료로 덮어두는 방식이었다. 묘하게도 그렇게 처리한 화 장실에서는 냄새도 심하지 않고 파리도 끓지 않았다. 시간이 흐르면 재나 왕겨 가 섞인 똥오줌은 서서히 퇴비로 발효가 되어 논밭에 내도 좋은 거름이 되었다. 나는 지금까지 본 화장실 가운데 강원도식 화장실이야말로 세계의 농부들이 따라 실천할 수 있는 가장 좋은 생태적화장실의 한 표본이 되리라고 확신한다. 그래서 인도와 아프리카에서 생태화장실로 가장 적합한 화장실이 강원도식 화 장실이라고 열심히 소개하고 있다.

생태화장실의 구조

─────── 우리 부부가 아프리카 말라위 농촌 마을에 살 때의 일이었다. 농촌 마을 안에 있는 집이다 보니 땅 면적은 컸지만 우리가 일을 볼 만한 화장실이 따로 없었다. 그래서 소변은 세면장에 오줌통을 두고 했고, 대변은 밤이 되었 을 때 텃밭에 구덩이를 파고 일을 보았다. 하루라도 빨리 화장실이 필요했기에

본래 구상하고 있던 대로 강원도식으로 우리를 위한 화장실 겸 교육용 생태화장실을 지어서 사용했었다. 현지 농민들을 교육할 때 이론적으로 생태화장실을 설명해도 잘 이해하지 못했던 농부들이 우리집에 와서 직접 화장실을 견학하고 때로 사용해보고 난 뒤에 너무 감탄하면서 자신들의 집에도 비슷한 생태화장실을 지어서 사용하는 모습을 보여주었다.

인도나 아프리카 사람들은 화장지 대신 물로 뒤처리를 하기 때문에 사용한 물은 그대로 수분보충용으로 활용했다. 화장지를 사용하는 농부라면 사용한 종이를 별도로 모았다가 태워서 재로 만들어 활용하면 된다. 그런데 이런 생태화장실 만으로 잘 발효된 퇴비를 만들어내기는 어려우므로 생태화장실과 연계하여 세 칸짜리 퇴비장을 함께 만들어 활용하는 것이 좋다.

생태화장실의 중요성

——— 생명농업에 있어서 생태화장실은 대단히 중요한 의미를 지닌다. 우선 오염물질이나 쓰레기로 분류시켜 천대받던 인분을 퇴비화 하여 농업적으로 활용할 수 있는 길이 열리는 점이다. 이것을 기점으로 하여 세계 곳곳의 버려지는 자원을 농업적으로 다시 사용할 수 있는 길이 열려야 한다. 똥오줌은 땅을 살리고 좋은 결실을 얻을 수 있는 최고의 퇴비 자원이 될 수 있다. 인분 속에는 작물의 성장과 결실에 꼭 필요한 인산질과 질소질을 비롯하여 다양한 미

량원소들이 들어 있어 꼭 활용해야 할 자원이다. 특히 세계의 가난한 농촌 마을들에는 동물의 분뇨를 얻거나 구하기도 어렵다. 오로지 사람들만 많이 살고 있어서 사람의 똥오줌이 가장 많이 쌓이는데도 잘 활용하고 있지 못하는 안타까움이 있다. 그런 지역들마다 냄새도 별로 나지 않고 파리도 끓지 않는 강원도식 생태화장실을 소개하고 보급하는 일은 망가져가는 지구촌을 구하는 위대한 일이 될 것이다. 또한 땅에 구덩이를 파지 않고 헛간식으로 만드는 강원도식 생태화장실은 건축비용도 저렴하고 땅으로 오염물질이 스며들지 않으니 지하수를 오염시킬 염려도 없다.

그런데 아프리카 말라위 농부들이 가장 우려하는 점이 '자신들의 대변에는 수많은 기생충 알이 있는데 생태화장실로 어떻게 그 문제를 해결할 수 있는가'였다. 그 문제는 생태화장실과 퇴비장을 연계시키면 쉽게 해결할 수 있다. 퇴비를 잘 발효시키면 퇴비더미의 속 온도가 75°C까지 올라가게 되는데 기생충 알은 60°C 이상이면 다 죽어버리기 때문에 아무 염려할 필요가 없다. 우리집 생태화장실에서 나온 재료와 다른 재료들을 합쳐서 잘 발효시킨 퇴비를 직접 눈으로 보고 손으로 만져본 후에야 안심하고 자신들도 생태화장실과 퇴비장을 만들기 시작했었다. 생태화장실과 퇴비장은 망가져가는 지구촌을 구할 수 있는 중요한 한 길이 될 것이다.

5   퇴비장과 좋은 퇴비는 어떻게 만들까

생명농업 농부로 살면서 정말 중요한 것들 몇 가지가 있는 데 그 중 하나가 생태화장실과 함께 자가 퇴비장을 갖는 일이다. 퇴비를 사서 사용할 수도 있겠지만 제대로 된 좋은 퇴비는 스스로 만들어 사용하는 것이 더 좋다. 퇴비를 잘 만들 수 있을 때 좋은 땅을 만드는 일은 쉬운 일이 될 수 있다.

퇴비장의 구조

————— 유기농업을 잘한다고 제법 알려진 농장을 방문한 적이 있다. 퇴비장의 모습을 보여주어서 안을 들여다본 순간 깜짝 놀랐다. 정부 지원사업으로 퇴비장을 지었다는데 전혀 퇴비장으로서의 기능을 제대로 할 수 없는 곳이었다.

바닥과 벽은 튼튼한 콘크리트로 지어져 있고, 창문 하나 없는 창고 같은 건물이었다. 그곳에 퇴비재료를 쌓아놓고 있었는데 퇴비재료에서도 고약한 냄새가 많이 나고 있었다. 게다가 공동생활시설에서 나온 음식물 찌꺼기를 한 곳에 모아두었는데 악취가 나며 진액이 흘러내려 10여 미터 떨어진 문밖으로 새어나가 땅을 오염시키고 있었다. 담당자와 책임자에게 이곳은 창고로 사용하고 실제로 사용할 수 있는 퇴비장을 제대로 새로 지으면 좋겠다고 조언해주고 왔다.

퇴비장은 생명농업 농부의 땅의 크기와 필요에 따라 적절한 크기로 지을 수 있다. 삽질과 손수레만으로 활용할 수 있는 정도의 작은 퇴비장을 만들 수도 있고, 트랙터의 로우더를 이용해 퇴비의 재료를 뒤섞어야 할 만큼 널찍하고 크게 지어도 좋다. 어느 경우이든 기본 구조의 모형은 비슷하다. 퇴비장은 세 칸으로 만드는 것이 좋다. 한 칸은 보통 폭이 2m, 길이가 3m, 높이는 1.2~1.5m 정도가 좋다. 바닥은 시멘트 콘크리트 바닥을 만들어서는 안 되고 흙바닥 그대로가 좋다. 벽체도 콘크리트 벽보다는 바람구멍이 숭숭 뚫려 있는 벽돌 벽이 좋다. 빗물을 방어할 수 있는 비가림 지붕도 필수다. 퇴비에 비가 들이치면 수분이 넘쳐나서 좋은 퇴비를 만들기 어렵다. 비를 맞힐 경우 좋은 성분이 땅으로 스며들거나 흘러서 밖으로 유실될 수도 있다. 하여간 퇴비는 퇴비장에서 만드는 과정에서나 만들어서 농장에 쌓아둘 때도 비를 맞히는 것은 좋은 농부의 모습이 아니다. 앞쪽 입구는 열린 상태로 두는 것이 좋은데 퇴비재료가 넘칠 우려가 있을 때는 가림판으로 막아두었다 필요할 때 열고 작업을 해도 좋다.

발효퇴비 만들기에 좋은 재료

──── 일반적으로 퇴비나 비료의 3요소라고 하면 질소, 인산, 칼리라고 하고, 4요소에는 칼슘질을 추가한다. 그러나 그것은 자연의 방식이 전혀 아니다. 숲속 식물들의 방법을 보면 가장 많고 중요하게 보이는 재료는 바로 탄소질이다. 탄소질은 톱밥이나 왕겨, 낙엽이나 곡식부산물, 마른 풀과 커피찌꺼기 등 모든 식물성 잔재들에 들어 있다. 다음으로 중요한 것이 작물을 잘 자라게 해주는 질소질 재료이다. 질소질 재료는 소똥이나 돼지똥, 닭똥 혹은 사람 오줌 등에 들어 있다. 다음으로는 인산질과 칼리질 혹은 칼슘질 재료인데 인분과 조개껍질, 뼛가루와 쌀겨, 계란껍질과 깻묵 등에 많이 들어 있다. 마지막으로 부엽토나 산흙이 퇴비재료로 아주 좋은 것들이다.

그런데 이런 퇴비재료들은 비를 맞히지 않는 것이 좋다. 우리나라에 잘 알려진 유명한 유기농전문회사의 농장을 비가 오는 날에 방문한 적이 있다. 시범농장이라고 해서 방문했던 것인데 두 가지 점에서 상당히 실망하고 돌아온 적이 있다. 첫째는 어디서 만들었는지 모르지만 제법 많은 퇴비더미를 노지에 쌓아두고 있었는데 비를 흠뻑 맞고 있었다. 퇴비의 좋은 진액이 퇴비 밖으로 줄줄 흘러내리고 있었다. 아마 흘러내리는 것 외에도 땅속으로도 제법 스며들어 갔을 것이다. 두 번째는 만여 평 되는 농장 어디에도 그들이 제시하는 농법에 따라 짓고 있는 시범포들이 보이지 않는 것이었다. 교육시설은 큼지막하게 지어져 있고 매년 다양한 교육프로그램이 진행되고 있었고 수천 명이 수료했다고 홍보하고 있었지만 그 두 가지 모습을 보며 그런 교육이 상품판매용 외에 어떤 의미가 있을지 실망스러운 기분이었다.

퇴비 만들기에 필요한 도구

1) 삽/레기/쇠스랑/손수레/물조리/거적때기

2) 긴 막대 온도계/저울

3) 양이 많은 경우 트랙터 로우더와 트레일러 필요

미생물 발효 퇴비 만드는 방법과 과정

──── 위에서 언급한 퇴비재료를 퇴비장 1번 칸에 넣고 잘 뒤섞어주는 것이 필요하다. 그렇다면 이러한 퇴비재료들을 얼마나 준비해야 할까? 그 양은 탄소질 60%, 질소질 20%, 인산, 칼슘질 10%, 부엽토와 산흙 10% 정도의 비율로 준비해서 한 켜 한 켜 차곡차곡 잘 쌓아 올렸다가 수분을 65~70% 정도 맞추어서 잘 뒤섞어주는 것이 좋다. 이 때 생태화장실에서 나온 재료들을 함께 넣어주면 된다. 토착미생물 배양액을 뿌려주거나 토착미생물이 많은 부엽토를 골고루 잘 뿌려주면 그 미생물들이 열심히 활동해서 퇴비를 잘 발효시켜준다. 수분 70%를 맞추어주는 방법은 전체 퇴비재료를 물과 함께 잘 섞어주었을 때 손으로 그 재료를 잡아서 꼭 쥐어보면 알 수 있다. 꽉 잡았을 때 물이 흘러내리면 수분이 너무 많은 것이고, 물이 거의 나오지 않으면 수분이 모자라는 정도

이고, 손가락 틈으로 삐질삐질 물이 나올 정도가 되면 적당하다고 볼 수 있다. 수분이 너무 많거나 적어도 퇴비가 잘 발효되기 어려우니 수분 맞추기를 잘하는 것이 좋다.

이제 필요한 퇴비재료들을 비율에 따라 잘 섞어주고 수분 70%까지 잘 맞추었다면 거적때기로 위를 잘 덮어두면 된다. 그렇게 한 달 동안 1번 칸에 보관하면 1차 발효과정을 마치게 된다. 초기 발효단계에서는 당질이 분해되고 중기 발효에서는 주로 리그닌이 분해된다. 이 때 긴 막대형 온도계를 퇴비재료 깊숙이 꽂아두고 매일 온도변화를 체크할 필요가 있다. 원재료들이 수분과 함께 미생물에 의해 발효를 하기 시작하면 온도가 서서히 올라가기 시작해서 65~80도까지 올라가며 열을 낸다. 이 과정에서 기생충이나 병균들뿐만 아니라 잡초 씨까지 대부분 사라지게 된다. 1개월 후 2번 칸으로 옮기면서 다시 전체 재료를 잘 뒤섞어 주는 것이 좋다. 첫 번째 칸에서 잘 섞어준다고 노력했어도 수분이 잘 가지 못했거나 특정 재료만 뭉쳐져 있는 경우가 있는데 두 번째 칸에 옮길 때 그런 문제를 해소시킬 수 있다. 두 번째 칸에서는 중온 발효와 숙성과정이 일어난다. 다시 1개월 후 3번 칸으로 옮기면서 잘 섞어준 후 한 달을 더 기다리면 좋은 완숙 발효퇴비를 얻을 수 있다. 3번 칸에서는 저온 숙성이 일어난다.

퇴비 사용법

——— 좋은 재료들을 적당히 넣고 수분을 잘 맞추어 좋은 발효 퇴비를 만들었다면 이제 어떻게 사용하는 것이 좋을까? 거름을 내는 것은 작물을 심기 전에 주는 밑거름과 작물이 자라고 있을 때 주변에 주는 웃거름으로 나눌 수 있다. 퇴비는 밑거름으로 주어도 좋고 웃거름으로 주어도 좋다. 일반적인 농법에서는 땅을 갈기 전 밑거름을 충분히 내고 트랙터로 땅을 간 후 두둑을 만들어 작물을 심는다. 말하자면 밑거름을 땅 전체에 전면살포를 하는 방법이다. 그러나 생명농업에서는 작물이 자랄 수 있는 두둑을 먼저 만들고 두둑에만 거름을 주고 흙과 잘 뒤섞어주는 방식을 취한다. 그것도 처음 두둑을 만들었을 때는 퇴비를 두둑의 흙 속으로 넣어주지만 그 다음부터는 땅갈이를 하지 않고 두둑을 지속적으로 사용하기 때문에 주로 웃거름 형식으로 주게 된다. 숲이 하는 방식을 보아도 그 어떤 퇴비도 흙 속으로 넣어주지 않고 낙엽이 덮여 있는 위에 주는 것으로 끝내고 있다. 유기물 덮어주기가 잘 되어 있는 두둑에 퇴비를 위에다 주어도 비가 내리거나 물을 주면 퇴비의 좋은 성분이 다 땅속으로 스며들어가게 되니 일부러 땅을 갈거나 파고 속에다 넣어줄 필요는 없다.

작물이 자라감에 따라 몇 차례 웃거름을 넣어줄 필요가 있다. 스스로 만든 자가 퇴비가 충분하다면 한 달에 한 번씩 웃거름을 공급해준다면 작물들이 좋아할 것이다. 작물의 생장 초기에는 질소질이 많이 필요하니 질소질이 많이 든 퇴비를 주로 공급해주고, 영양생장기로부터 생식생장기로 가는 중기로 갈수록 인산질이 많이 든 퇴비를 주고, 결실기가 되면 칼슘질이 많이 들어 있는 퇴비를 주면 된다. 그렇게 특별한 성분이 많이 든 퇴비를 만들려면 그 성분의 양을 늘려서 퇴비를 만들면 된다. 그렇지 않으면 퇴비 대신에 보조재료로 만든 각종 천연 영양제나 칼슘제 등을 엽면살포해도 좋다. 생명농업 초기단계에는 제법 많은 퇴비가 필요하지만 땅속 유기물이 5%를 넘어서기 시작하면 유기물 덮어주기를 매년 1~2차례 해주면서 퇴비는 조금씩 줄여나가도 된다. 땅을 제대로 가꿀 줄 아는 농부가 훌륭한 농부의 첫걸음이다.

넷째 마당

씨앗주권 기반 조성

1 　씨앗 이야기

생명농업 농부가 올바른 세계관을 확립하고 생명농업의 원리와 방법을 익힌 후 땅을 가꿀 줄 알게 되었다면 다음으로 무엇이 필요하겠는가? 그것은 바로 그 땅에 심을 씨앗을 확보하는 일이 될 것이다. 이 세상 각 나라별로 기후와 날씨와 좋아하는 음식이 다르고 생활습관이 다르기 때문에 그 땅에서 자라는 작물들도 다르다. 오래도록 그 땅과 기후에 적응하며 살아남은 종자도 있고, 점점 도태한 종자들도 일일 것이다. 이제 우리는 우리의 농장에 어떤 종류의 씨앗을 심어야 할 것인지를 생각해보자. 여기서는 다양한 작목 보다는 씨앗에는 어떤 종류들이 있는지를 중심으로 살필 것이다.

씨앗은 크게 세 종류로 나눌 수 있다. 전통적으로 농부들이 심고 가꾸고 수확한 일부를 종자로 남겨 두며 보존해온 씨앗을 토종씨앗이라고 한다. 100년 전까지만 하더라도 그런 씨앗밖에 없었다. 그러나 현대과학과 농학이 발전해오면서 토종씨앗의 좋은 점들을 더욱 개량하고 발전시킨 개량종자들이 개발되기 시작했다. 이런 종자들은 농부들보다도 주로 종자 연구소에서 다양한 실험을 거쳐 개발하여 농부들에게 보급하는 형식을 띠다 점차 종묘회사들의 독점적인 판매형태로 넘어가게 되었다. 지금 세계 여러 나라의 농부들이 심고 있는 종자는 대부분 스스로 채종한 토종종자가 아니라 종묘회사가 판매하는 개량종이라고 할 수 있다. 농업과 관련된 세계적인 다국적기업들이 토종씨앗을 기초로 하여 유전자를 변형시켜 새로운 종자로 탄생시킨 유전자 변형종자도 있다. 이 세 종류의 씨앗들은 각기 어떤 특징과 의미, 문제점을 가지고 있을까?

토종씨앗 Native Seeds/Indigenous Seeds

———— 토종씨앗은 이 세상 농부들이 수천 년 동안 농사지으며 자신의 땅에 심고 가꾸어온 씨앗들이다. 벼나 보리나 밀처럼 수확한 것들 중 일부를 남겨서 다음 해의 종자로 사용했던 것들도 있고, 배추나 무처럼 집에서 먹거나 판매할 목적으로 크게 키운 것과는 달리 별도로 꽃을 피워 씨앗을 채종한 것들도 있다. 또한 감자나 고구마처럼 알뿌리의 일부를 저장해두었다 다음 해에 다시 심는 것들도 있다. 이런 토종종자들은 다음과 같은 특징을 지니고 있다.

1) 오랜 기간 주변 환경에 잘 적응해온 종자

2) 10년 이상 자가 채종해온 종자

3) 병충해에 대한 저항력이 강한 종자

4) 생명력을 지닌 종자(새로운 후손을 생산할 수 있는 종자)

5) 자생종도 있고 재래종도 있다.

6) 공동체적으로 보존되어 왔다.

7) 생물종 다양성과 생태계 보전에 기여

8) 생명보다 더 소중하게 보존해온 종자(굶어 죽더라도 씨앗을 베고 죽는다)

9) 종자주권은 농부에게 있다.

토종종자 지키기 운동

───── 이런 토종종자들은 주로 농부들이 소유하고 전해온 것들이었다. 개별 농가가 보존해온 것들도 있지만 마을 단위나 지역사회가 공동체적으로 보존해온 것들도 많다. 그래서 종자를 구하기 위해 별도의 돈을 지불하는 방식보다는 서로 나누고 수확 후에 그만큼 되갚는 방식으로 보존해오는 경우가 많았다. 그러기에 씨앗의 소유권과 주인권은 항상 농부 스스로가 가질 수 있었던 것이다. 우리나라에서는 오래 농사를 지어온 나이 많은 농부들만이 이런 토종종자들을 지니고 있어서 그들이 돌아가시기 전에 그 종자들과 재배방법을 배우고 익힐 필요가 있다. 그런 토종종자를 모으고 보급하는 노력을 열심히 하는

단체들이 있다. '토종씨드림'이라는 단체와 전국에 14개 정도 되는 토종씨앗도 서관들이다. 그들의 노력에 감사하고 토종종자를 지키고 보급하는 운동이 더 잘 되어가기를 희망한다.

개량종자 Improved Breed(육종)

───── 토종종자를 기반으로 해서 토종종자가 가진 좋은 형질을 더욱 잘 육성하기 위해 육종법을 통해 토종 속에 담긴 우성인자를 인공 교배를 통해 개량한 종자를 개량종자라고 한다. 개량종자를 만들어 내는 방법에는 같은 종 내에서 교배를 통한 개량법인 동종교배 육종법과 여럿 가운데 가장 우수한 것만을 골라 여러 대에 걸쳐 길러내어 유전적으로 고정하여 경제적 가치가 있는 새 품종을 만들어내는 품종개량법인 분리육종법 또는 선발육종법이 있다. 서로 다른 두 품종의 장점(우량형질)을 인공교배를 통하여 새로운 품종을 만들어 내는 방법을 계통육종법이라고 한다. 계통육종법으로 개량한 것들로는 무와 배추를 접합시킨 무추나 오이고추, 씨 없는 수박, 숫당나귀와 암말 사이에 난 노새 등이 있다. 이런 육종법은 잡종 F1을 만들고, F2 세대부터 매 세대 개체 선발과 계통재배 및 계통선발을 되풀이하며 우량한 동형접합체를 선발하여 품종으로 육성하는 법이다. 또한 개량종자를 만들어내는 방법으로는 돌연변이 육종법이 있는데 여기에는 자연돌연변이 육종법과 방사선을 통한 인공돌연변이 육종법이 있다. 그 외에도 하이브리드 육종 Hybrid Breeding 법이라는 잡종 강세 육종법이 있다.

개량종자의 문제점

──── 개량종자가 지닌 문제점들이 몇 가지 있다. 우선 개량종은 병충해에 대한 저항력이 약하다. 본래 토종이 가지고 있던 자연성이나 야성이 부족하다 보니 병충해를 이겨낼 수 있는 힘이 약해져버렸다. 그래서 더 많은 비료와 농약을 쳐야만 병충해도 막아내고 좋은 수확을 기대할 수 있다. F1에서 F2로 갈수록 발아율이 저하하고 변종과 기형이 발생할 가능성이 높아진다. 토종종자는 생명력을 지닌 종자여서 거의 대부분의 씨앗이 발아가 된다. 그에 비해 개량종은 F1일 때도 발아율이 70~80% 정도밖에 되지 않는다. 그러다 F2에 가서는 발아율이 50% 이하로 떨어져 버리고 각종 변종과 기형이 발생하는 경우가 많아진다. 그래서 상업적 영농을 하는 이들은 매년 종묘상에서 새로운 개량종자를 사서 심을 수밖에 없다. 말하자면 종자 주권을 농부 스스로 갖지 못하고 개량종자 개발자나 종자 기업이 소유하게 된 것이다. 따라서 농부는 점점 종묘회사에 예속되어갈 수밖에 없다.

개량종자를 통한 해볼 만한 실험

──── 종묘상에서는 개량종자를 팔 때 F1에서 씨를 채종하더라도 다시 나지 않으니 매년 새로 사서 심어야 한다고 홍보한다. 그래서 농부들은 아예 F1을 심은 뒤 종자를 받아볼 생각조차 하지 않는다. 그러니 종묘회사에 점점 더

예속되어 가서 종자값을 올리는 대로 다 줄 수밖에 없다. 내가 농촌에서 농사를 지을 때 그런 사실을 알면서도 내 나름대로 열심히 실험해본 적이 있다. 토종 고추씨를 갖지 못한 상태여서 개량종 고추씨나 모종을 사서 심은 후 붉은 고추가 되었을 때 좋은 고추 일부를 따로 잘 말려서 씨를 받았다. 그리고 다음 해에 그 고추씨를 심어 보았다. 발아율 조사를 해보지 않았지만 해볼 필요를 느끼지도 않았다. 많은 고추씨를 가지고 있다 보니 아깝지 않게 뿌릴 수 있었고 내가 기대한 만큼 충분히 많은 고추가 올라와 주었기 때문이다. 자라는 모습과 과정을 보니 일부 고추에서 변형과 기형이 생기는 것을 볼 수 있었으나 그리 많지는 않았다. 본래 종묘상에서 사와 심었을 때도 일부의 변형을 발견할 수 있었기 때문에 큰 차이가 나지 않았다. 그런 변형이란 고춧대가 정상적으로 보기 좋게 잘 자라지 않고 가늘고 길게 쭝긋쭝긋 자라고 거기에 달린 고추도 별로 크지 않고 조그맣고 때로는 기형도 생기는 정도였다. 그렇게 몇 해를 반복하다 보면 개량종 속에 담겨 있던 본래의 토종고추가 지닌 형질이 회복되어 매년 반복해서 심어도 거의 동일한 모습을 보여주는 토종이 되어가는 것을 볼 수 있다.

고추를 비롯해 배추와 상추, 겨자채 등도 그런 실험을 계속해본 경험이 있다. 배추의 경우 알이 덜 찬 넓적 배추를 겨우내 밭에서 키우며 반찬으로 먹기도 하고, 그것들이 월동을 하게 하면 이듬해 봄에 장다리가 나와 아름다운 꽃을 피우게 된다. 아름다운 배추꽃은 벌들이 좋아하니 벌들이 화수분을 해주고 나면 정말 튼실한 좋은 씨앗을 얻을 수 있다. 그렇게 얻은 씨앗이 워낙 많아 다른 농부들에게도 많이 나누어줄 수 있었고 우리 밭에서도 다양한 실험을 할 수 있었다. 배추씨 천 알에 만 원 정도 하던 때였는데 한 됫박 정도의 배추씨를 수확하고 나면 정말 마음은 부자가 된다. 그 씨앗들로 배추 모종을 만들기도 했고 때로는 그냥 밭에다 여기저기 아무 데고 뿌려보았다. 그랬더니 고추밭에서도 배추가 자라고 밭벼를 심어 놓은 벼포기 사이에서도 배추가 자라고, 밭이라고 생긴데서는 다 배추가 자라는 모습이 장관이었다. 그렇게 자란 배추 중에도 변형과 기형이 보였다. 변형은 잘 자라서도 알이 차지 않고 키 큰 배추가 되기도 하고 맛이 떨어지기도 하는 등이었다. 기형은 배추 한 포기가 몇 포기씩 혹은 심지어 13포기까지 작은 새끼 배추를 한 몸에 데리고 커가는 모습이었다. 나는 그런 배추를 좋아하기도 했다. 큰 배추 한 포기를 한 끼에 쌈으로 다 먹기는 어렵지만 새끼 배추를 한 두 개씩만 잘라서 쌈을 싸먹으면 더 고소하고 맛도 좋았기 때문이다.

열심히 농사를 하다 인도로 떠나는 바람에 그런 실험을 한동안 하지 못했지만 2019년부터 다시 그런 재미난 실험을 시작하게 되었다. 그래서 2019년 한 해 동안에만 20여 종의 다양한 종자들을 받아서 심어볼 채비를 하고 있다. 생명농업 농부라면 토종씨앗을 잘 보존하고 서로 나누는 일을 열심히 해야 하지만 이러한 재미있는 실험도 해보고 서로 경험을 나눌 수 있다면 좋을 것이다.

2   지구를 망치는 유전자조작 씨앗

지구상에 유전자조작 종자가 나오기 시작한 것은 오래되지 않았다. 1996년부터 상업적으로 개발이 되어 세상에 나타났다. 그러나 그것이 만들어내고 있는 문제점은 너무나도 심각하다. 지구촌 어디나 유전자조작 종자의 부정적 영향을 받지 않는 곳이 없을 정도로 그 영향력이 지대한 상황이 되었다. 생명농업 농부는 유전자조작 종자의 실체를 바로 알고 제대로 대처해야 필요가 있을 것이다.

유전자조작종자GMO/Genetically Modified Organism란?

———— 유전자조작종자란 종이 다른 생물의 유전자를 변형 혹은 조작하여

삽입시켜 만든 새로운 생물체를 말한다. 에를 들면 물고기 유전자를 토마토 유전자에 삽입하여 만들어낸 새로운 토마토, 보통 연어보다 몇 배로 크게 자라는 슈퍼 연어, 감자의 유전자와 토마토 유전자를 결합시켜 만든 포메이토, 뱀과 원숭이의 유전자를 가진 옥수수, 개구리를 주입한 유전자조작 콩 등이 그런 것들이다. 현재 세계 곡물 시장에서 많이 유통되고 있는 대표적인 농산물로는 밀과 콩, 옥수수와 감자, 면화와 유채, 알팔파, 사탕무, 토마토 등이다. 우리가 주로 먹는 대부분의 농산물이 GMO 농산물로 전환되어가고 있는 중이다.

유전자조작 농산물로 만든 식품

———— 유전자조작 농산물들이 가공을 거쳐 우리의 식탁을 점령해가고 있다. 대표적인 가공품으로는 식용유와 카놀라유, 간장과 올리고당, 두유와 전분, 각종 감미료와 시리얼 등이 있다. 우리가 먹고 있는 GMO 식품을 더 면밀히 들여다보면 놀라울 정도이다. 콩으로 만든 것들(콩기름/간장/된장/라면스프/두부/콩나물/두유/핫도그/튀김/치킨/돈가스), 유채로 만든 식품들(카놀라유/샐러드 드레싱/과자/마가린/마요네즈/참치통조림/기름), 옥수수로 만든 식품들(옥수수통조림/옥수수유/팝콘/시리얼/물엿/올리고당 등과 단맛 나는 액체 시럽/과자, 아이스크림, 탄산음료, 쥬스, 맥주, 빵 등에 첨가되는 액상과당/소주 막걸리 등의 인공감미료/아스파탐 합성비타민 등에 들어가는 포도당), 면화로 만든 면실유, 튀김감자, 녹말가루, 당면, 토마토케첩, 스파게티 소스 등 이루 헤아릴 수 없을 정도로 많다. 정신 바짝 차리지 않

으면 어느 틈엔가 우리 식탁 위엔 GMO 식품들로 가득 차게 될 것이다.

GMO종자의 문제점

───── 그렇다면 GMO종자가 지닌 문제점들은 도대체 무엇일까? GMO종자의 가장 중요한 문제점은 종자주권이 독점적 권한을 가진 종자 기업에게 넘어가 있다는 점이다. GMO종자 기업들은 세계 종자 판매의 독점권을 손에 쥐고 모든 농작물들을 마음대로 조종하려 든다. 종자 독점권을 확보한 지역에서는 자신들 마음대로 농간을 부리고 있다. 종자 주권을 빼앗긴 농부들은 GMO종자를 생산한 다국적기업의 노예처럼 예속당할 수밖에 없다. 인도 중남부 목화 주생산지 농민들의 이야기를 생각해보면 그런 사실이 자명하게 이해가 갈 것이다.

인도는 전통적으로 토종목화를 생산하는 목화 주생산지 중의 하나였다. 인도의 토종목화는 봉오리도 별로 크지 않고 목화 생산량도 그리 많지 않았지만 워낙 큰 면적에서 생산하다보니 세계 최대의 목화 생산지였다. 그런 곳에 눈독을 들인 유전자조작 씨앗 생산의 대표적인 종자회사인 몬산토가 유전자조작 목화씨를 퍼뜨리기 시작했다. 처음에는 토종목화씨에 비해 훨씬 싼 값에 봉오리도 크고 생산량도 많은 목화씨를 판매하기 시작했다. GMO 목화 시범포를 방문한 농민들은 누구나 크고 생산량이 많은 목화에 반할 수밖에 없었고 이내 토종

목화씨를 내던지고 GMO 목화씨로 갈아타기 시작했다. 단 3년 만에 토종 목화씨로부터 GMO 목화씨로 전환하게 되자 몬산토는 마각을 드러내기 시작했다. 종자값을 점점 올리기 시작해 몇 년 후에는 본래 토종씨앗 값보다 35배 정도로 비싸게 판매했다. 한편 GMO 목화 줄기를 먹은 수천 마리의 양떼가 떼죽음을 당했지만 보상도 받을 수가 없었다. 양떼가 죽은 원인을 GMO 목화 때문이라는 것을 농민들이 직접 증명해야만 보상이 가능하기 때문이다. 게다가 GMO 종자는 종자만이 아니라 제초제와 농약과 비료조차도 몬산토가 판매하는 것을 묶음으로 사서 사용해야만 한다. 그렇지 않고 한 가지라도 소홀히 해서 농사를 망쳐도 보상받을 수가 없었다. 그래서 2002년부터 15년 동안 농사를 망쳐 빚더미에 올라앉게 된 농민들 중에 자살한 농민들이 20만 명 정도에 이른다. 그러나 그것의 직접적 연관관계를 증명해내지 않는 한 보상받을 길은 없다. 보상이 문제가 아니라 무고한 농민들이 죽어갔고, 수많은 농민의 가족들이 일생 불행을 안고 살아갈 수밖에 없다. 총과 무기로 싸우는 전쟁보다 훨씬 더 무서운 것이 바로 종자 전쟁이다(KBS 방영 '종자전쟁' 참조)

GMO종자의 문제는 앞의 인도 사례에서 보았듯이 묶음 판매를 한다는 점이다. 씨앗과 더불어 제초제와 비료와 농약을 세트로 판매한다. 그 모든 것들에 독점적 로열티를 지불하게 되니 영농비용이 증가하게 된다. 또한 오로지 GMO 회사가 제공하는 종자 이외에 다른 종자를 심어서는 안 된다는 조항 때문에 종자가 획일화될 수밖에 없다. 미국에서는 GMO 회사가 제공하는 제초제에 발암물질이 들어 있어서 암에 걸린 농민과 소비자들이 소송을 걸었지만 그 소송에 걸린 시간과 비용, 에너지 소진이 엄청났다. 그렇지만 WHO 국제암연구소IARC 에서 2015년 몬산토의 제초제 라운드업에 들어 있는 글리포세이트를 2A급 발 암물질로 규정함으로써 보상을 받게 되었지만 암에 걸려 고생하다 죽어간 사 람들의 영혼을 어떻게 달래줄 수 있을까? GMO종자는 그야말로 인류의 재앙 이다.

다른 문제점은 GMO 작물의 꽃가루가 여기저기 퍼지게 되면서 자연 종의 멸 종을 불러올 때가 다가올 것이다. GMO종자는 다시 심어도 생명이 자라지 않 는 생명력이 없는 불임의 특성이 있다. GMO종자로 획일화 되거나 그 꽃가루 의 영향력이 커지면 생명 지속이 어려워질 수 있다. 우리 주변에 보이는 많은 식물들이 자연 불임이 되어 다 죽어가고 오로지 GMO종자회사에서 제공하는 것들만 싹을 틔우고 꽃을 피우게 되는 날이 올 거라고 상상만 해도 소름이 끼 친다.

또 다른 문제점은 GMO 작물을 키우는 과정이나 생산물을 먹게 되면 수많은 부작용과 질병이 나타난다는 점이다. 소아암과 기형아 출산과 불임현상, 가축 의 떼죽음, 다운증후군과 각종 종양과 암이 발생했다. 밭에서는 제초제와 농약 으로도 조절하기 어려운 수퍼 잡초와 수퍼 해충이 발생했고, 작물에게는 다양 한 변종이 발생했다. 아르헨티나에서는 1999년부터 4년간 GMO 콩 재배 후 10만 명이 파산했고, 수많은 질병(암/알레르기/피부병/기형아 출산/다운증후군/내분 비 질환 등)이 발생했었다.

세계적인 GMO 문제

———— 세계 전체를 보면 세계 작물재배 면적의 87%는 일반 작물이 차지하고 GMO 작물이 13%를 차지한다. 그 면적은 점차 확대 추세에 있다. 나라별로 재배면적을 살펴보면 2018년 통계로 미국은 전체 생산면적의 70%를 GMO 작물이 차지하고, 브라질은 40.3%, 아르헨티나 24%, 인도 11%, 캐나다 11%, 중국 4.2%, 파라과이 3.6% 순이다. 세계 종자시장의 규모는 1975년 120억 달러이었던 것이 2012년에는 450억 달러, 2020년 615억 달러로 엄청난 증가세를 보이고 있다. 그 중에서 GMO종자가 차지하는 비중이 점점 더 확대되어 가는 추세이다. GMO종자를 생산하는 대표적인 기업들은 몬산토 30%, 미국회사 듀폰 21%, 중국이 인수한 신젠타 8%, 프랑스 회사인 리마그레인 5%의 순으로 GMO종자시장을 점유하고 있다. 몬산토는 2018년도에 독일회사인 바이엘에 팔리긴 했다. 악의 화신처럼 여겨졌던 몬산토에 비해 인류를 구한다는 미명으로 포장되어 있는 바이엘이 인수한 후에 얼마나 더 교묘하게 GMO종자를 판매하며 농민들을 예속시켜갈지 눈을 부릅뜨고 지켜보아야 할 것이다.

GMO종자에 대항하는 모습들

———— 2010년 아이티에 지진이 나서 많은 사람들이 굶주리고 있을 때 빌게이츠 재단이 GMO 식품을 구호품으로 지원했었다. 그러나 아이티 국민들은

굶어죽을지언정 GMO 식품을 먹지 않겠다면서 구호품을 불태운 적이 있다. 러시아 정부는 GMO종자 취급자는 테러범에 준하는 처벌을 하는 법안을 가지고 강력하게 GMO에 대응하고 있다. 아프리카 짐바브웨 정부도 600만 명이 굶어가면서도 미국이 제공하겠다고 제안한 GMO 식품을 거부하는 행동을 보여주었다(2002년). 유럽연합은 GMO가 그 땅에 발붙이지 못하도록 강력한 규제를 하고 있지만 조금씩 구멍이 뚫리고 있는 모습이다. 이런 운동은 세계의 뜻있는 농민들과 국제기구가 힘을 합쳐 함께 풀어가야 될 중요한 운동이다.

GMO와 한국

——— 이제 GMO에 대한 우리나라의 모습을 살펴보도록 하자. 우리나라의 식량자급률은 25%밖에 되지 않는다. 그러나 보니 많은 농산물을 해외로부터 수입할 수밖에 없다. 그래서 수입하는 농산물의 대부분이 GMO 농산물이다. 한국은 세계 최대의 GMO 생산물 수입국(2015년 1023만 톤 수입/식용 214만 톤=45kg/인)이다. 우리가 먹고 있는 GMO 식품은 그 숫자를 나열하기도 어려울 정도로 많지만 사람들은 자신이 먹고 있는 식품이 GMO 식품인지도 모르고 있다. 그 이유는 GMO 표시제가 없기 때문이다. 많은 국민들이 GMO 표시제를 강력하게 요구하고 있지만 정부는 여전히 기업의 손을 들어주고 있다. 기업의 영업 비밀에 해당하기 때문에 원재료의 출처를 정확하게 밝히기 어렵다는 것이다. GMO를 막아야 할 정부기구(농진청)가 앞장서서 GMO를 양성하고

있다. CJ제일제당, 사조해표, 삼양, 농심, 대상 등 대규모 기업들이 한국농업을 육성하기 보다는 자신들의 기업이익을 위해 많은 GMO 식품을 수입하거나 가공에 열을 올리고 있다. 1998년 홍농종묘가 세미니스에 팔렸고(2005년 몬산토 세미니스 인수), 1998년 중앙종묘는 몬산토가 인수한 뒤로 한국은 매년 수십억 원의 종자 로열티를 해외로 지불하고 있다. 2010년부터 2015년까지 해외 지불 로열티를 보면 연평균 160억 원이나 된다.

GMO 대책을 어떻게 세워야 하나?

——— 1974년 미 국무장관 키신저가 발언했던 "식량을 장악하면 세계를 지배할 수 있다"는 말이 점점 현실화되어가는 중이다. 눈을 부릅뜨고 이들 다국적 기업의 음모를 분쇄하고 종자주권을 농민의 손으로 가지고 오지 않는 한 지구촌의 앞날은 밝지 않을 것이다. 제도적으로는 지속적으로 정부와 국회를 추동해내서 GMO 완전표시제를 시행하도록 해야 한다. 우리가 먹는 먹거리와 식품에 얼마나 많은 GMO 식품이 들어가 있는지 알고 먹거나 거부하거나 해야 할 것이다. 또한 소비자들도 GMO에 대해 바른 눈을 떠야 한다. 한국에서 키우는 소와 돼지와 닭과 오리 고기를 먹는다면 곧 GMO 식품을 먹는 것이다. 우리나라에서 키우는 가축들의 사료는 99.99%가 수입 사료에 의존한다. 수입 사료는 100% GMO 곡물이라고 생각해야 한다. GMO 곡물을 사료로 일생 먹고 자란 가축의 고기를 먹으면서도 그것이 GMO 식품이라는 생각을 하지 않

는 것이 우리나라 소비자들의 모습이다. GMO 종자회사들은 마치 자신들이 인류의 식량위기를 구해내는 유일한 대안인 양 과대홍보를 하고 있다. GMO 반대운동은 아름다운 미명으로 위장하며 세계를 독점하려는 거대 자본의 탐욕과 흉계에 맞서서 농민과 소비자의 생명과 생태계를 지키는 정말 중요한 운동임을 명심하자.

3 씨앗주권 지키기

씨앗은 곧 생명

——— 씨앗은 곧 생명이다. 씨앗 자체가 생명이요, 그 씨앗을 심고 가꾸는 농부의 생명이 중요한 생명이요, 농부가 수확한 건강한 생명을 먹는 소비자의 생명도 귀한 생명이다. 모든 생명은 씨앗으로부터 출발한다. 그렇게 중요한 씨앗이기에 농부가 씨앗을 갖지 못하면 씨앗을 가진 자나 회사에 예속될 수밖에 없다. 생명농업 농부는 우리 조상들이 그랬던 것처럼 배가 고플지라도 종자가 될 씨앗만은 지킨다는 마음가짐을 가져야 한다. 농부는 좋은 씨앗을 만들고 건사하고 가꾸어서 이 지구촌의 생명이 지속될 수 있게 해야 하고 우리의 후손들에게까지 건강하고 좋은 씨앗을 넘겨줄 수 있어야 한다.

좋은 종자란?

──────── 좋은 씨앗은 어떤 씨앗일까? 좋은 씨앗을 분별할 수 있는 기준 몇 가지를 제시하니 참고하면 좋을 것이다.

1) 유전적 우수성(모양/맛/빛깔/수확량/저장성/내병충성/수확 시기)

2) 균일한 종자

3) 신선한 종자(발아율과 발아세 높은 것)

4) 깨끗한 종자(오염 안 된 것/협잡물이 섞이지 않은 것)

5) 완숙한 종자(과숙기나 유숙기에 수확한 것이 아니고 적절한 시기에 수확한 것)

6) 올찬 종자(통통한 종자)

좋은 종자를 만들려면 어떻게 해야 하나?

──────── 좋은 종자를 얻으려면 작물을 수확할 때 씨앗이 다치지 않도록 정성을 기울여야 한다. 벼나 밀을 수확할 때 콤바인으로 수확하면 좋은 종자가 되기 어렵다. 고속으로 회전하는 콤바인으로 수확을 하다 보면 대부분의 낟알들이 상처를 입거나 멍이 들거나 깨져버린다. 그런 상처 입은 낟알들을 다음 해의 씨앗으로 사용한다면 건강하고 좋은 결실을 얻기 어려워진다. 그래서 종자로 사용하기 위해서는 수확의 방법이 달라져야 한다. 제법 완숙한 부분에서 낫

으로 손 수확을 해서 잘 말린 다음 홀테 같은 것으로 조심스럽게 알곡을 털어내서 잘 보관해야 한다. 투철한 실험정신을 가지고 다양한 종자들을 모으고 심어보는 것도 필요하다. 조금씩 다른 조건을 제공하며 어떤 변화를 가져오는지를 살펴볼 필요가 있다. 자신이 심고 가꾸는 종자에 대한 이력과 스토리를 확보하고 새로운 스토리를 이어가는 기록도 대단히 중요하다. 지속적인 실험과 기록을 통해 좋은 씨앗을 만들어가는 방법을 체득할 수 있어야 한다. 씨앗을 수확한 후 장기적으로 저장할 수 있는 방법과 시설을 만들어가는 것도 필요하다. 토종씨앗보존회 같은 단체에서도 스스로 좋은 보관시설을 가지기 어려워 국립종자연구소의 힘을 빌기도 한다. 이미 제시했던 것처럼 토종씨앗이든 개량종이든 자신이 심는 대부분의 작물에서 채종을 할 수 있다면 언제든 씨앗을 받아서 보관하고 또 심어보는 실험을 반복해갈 필요가 있다.

씨앗주권을 잘 지켜가려면

───── 농부가 자신이 심고 가꾸는 모든 종자의 권리를 스스로 가지는 것이 최선의 길이다. 혼자가 아니라면 지역사회가 지역의 씨앗주권을 지켜가야 한다. 더 나아가서 세계의 농부연대가 농민 스스로의 씨앗주권을 지켜가려는 노력이 필요하다. 무엇보다도 우리 땅에서 오래 살아남은 토종이 사라지지 않고 더 많이 퍼져갈 수 있도록 토종종자 지키기 운동을 펼쳐가야 한다. 토종을 가진 옛 농부들을 찾아다니며 토종씨앗을 확보하고 보급하는 운동에 나서야 한다.

농부들끼리 가진 씨앗들을 서로 나누고 씨앗이 가진 정보를 교환함으로써 더 좋은 씨앗을 만들어가기 위해 노력해야 한다. 우리나라에서는 1985년부터 전국농민회총연합회로부터 토종 지키기 운동이 시작되었고 토종씨드림과 토종씨앗도서관들(전국에 14개 정도)이 생겨나면서 토종씨앗을 지켜가려는 노력들이 계속 이어지고 있다. 이런 운동은 앞으로 더욱 활발하게 진행되어가야 한다.

제도적으로 GMO 완전표시제를 실현하는 것도 필요하다. 모든 학교와 유치원 등 공동급식시설에서 GMO 식품이 아닌 농산물을 공급하는 것도 필요하다. 소규모 가족농을 지원하는 제도가 확립될 필요가 있다. 수출 위주가 아니라 지역 내 소비를 기본으로 하는 농산물 공급과 소비체계가 이루어져야 한다. 농사를 농민들에게만 맡길 것이 아니다. 도시 소비자이면서도 직접 농산물을 재배해서 먹는 도시농부로 살아가는 사람들이 더 늘어날 필요가 있다. 농림축산식품부에 따르면 2017년 도시농업 참여자는 189만4000명이다. 15만3000명이 참여했던 2010년의 12.4배다. 2017년 기준으로 도시텃밭 면적은 1106ha다. 서울 여의도(290ha)의 4배에 달하는 면적으로, 104ha였던 2010년 이후 10.6배 늘었다. 농식품부는 2022년까지 도시텃밭 면적을 2000ha로, 도시농업 참여자를 400만 명으로 확대한다는 계획이다.

정말 평화롭고 평등한 세상이 되고 서로 돕는 아름다운 지구촌이 되어가려면 그 어떤 것보다도 이 땅 모든 사람들이 오염되거나 위험하지 않은 안전하고 건강한 먹거리를 안심하고 나누어 먹을 수 있는 세상이 되어야 한다. 그런 세상이 될 수 있는 기본 바탕에는 농사를 짓는 농민들이 생명력 있는 안전한 종자를 스스로 생산하고 나누는 권한을 지니고 있어야 한다. 건강하고 안전한 종자를 농민들이 가질 수 있는 세상, 종자주권이 농민의 손에 있어야 한다는 말이다. 종자주권을 농민의 손에!!!

다섯째 마당

작물 잘 이해하기

1   작물의 생장에 영향을 미치는 주요 요소

좋은 씨앗을 선택하여 잘 만들어 둔 두둑에 심었다. 이제 씨앗에 싹이 나고 작물이 자라기 시작하면 그 작물의 일생에 영향을 미치는 요소들이 무엇인지 알아보아야 할 시기가 되었다.

작물의 생리(성장과 결실)에 가장 큰 영향을 미치는 햇빛

——— 햇빛이 작물에 미치는 영향 중에는 광합성이라고 불리는 탄소동화작용이 가장 중요하다. 탄소동화작용은 식물이 빛과 이산화탄소를 받아들여 자신의 음식을 만드는 과정이다. 다음으로는 작물들이 적절한 온도에서 싹이 트게 해준다. 씨앗들 중에는 햇볕을 받아야 잘 발아되는 광발아성 씨앗, 햇빛

이 보이지 않는 어두운 곳에 묻혀 있어야 잘 발아되는 암발아성 씨앗으로 나뉜다. 묘하게도 사람들이 먹거리로 먹는 것들은 대체로 어두운 흙 속에 묻혀있어야 잘 발아되고, 소위 잡초라고 불리는 것들은 햇볕에 노출되어 있을 때 잘 발아된다. 햇빛은 작물의 성장에도 많은 영향을 미친다. 햇빛이 충분할 때 작물은 잘 자라지만 햇볕이 부족하게 되면 다양한 문제가 찾아온다.

햇빛이 부족할 때 농작물에 나타나는 현상

——— 햇빛이 부족하면 작물의 잎이 얇고 넓어진다. 햇빛을 더 받기 위해 잎을 넓히다 보니 잎은 넓어지지만 두께는 얇아지는 것이다. 광합성 양보다 호흡에 의한 소모량이 많아 식물체의 체중이 감소한다. 햇빛이 모자라면 뿌리의 발육 부진으로 영양분을 흡수하는 능력이 저하되어 작물의 줄기와 키가 잘 자라지 못한다(생육불량). 때로는 작물의 웃자람이 생겨나고, 꽃의 수분률은 저하되고, 병충해가 증가하며, 꽃이 일찍 떨어지거나 과실이 비대해지기 전에 낙과가 되고, 과실이 정상적으로 커지지 않고 기형과가 되기도 한다. 그래서 전반적으로 결실이 불량해 수확 시기가 지연되고 수확량이 감소한다.

바람이 작물의 생장에 미치는 영향

───── 바람도 작물의 생장에 많은 좋은 영향을 미친다. 좋은 공기를 순환시켜주고, 지나친 습기 제거로 적정 습도를 유지해주고, 활발한 가스 교환이 이루어지게 하며, 옥수수, 귀리, 밀 등과 같은 풍매화의 화수분을 돕는다.

바람은 때로 부정적인 영향을 미치기도 한다. 바람이 지속적으로 불게 되면 작물 내의 수분 손실이 많아진다. 바람이 센 지역의 작물은 키가 크게 자라지 못하기도 하고, 지속적인 바람으로 휘거나 꺾이거나 다양한 변형이 발생한다. 때로는 바람이 식물을 손상시키기도 하고 뿌리째 뽑아서 죽게 만들기도 한다. 바람은 병해충을 운반해오기도 하고 부드러운 표면 흙을 바람에 날려가게 해서 토양유실이 일어난다. 바닷가에서는 지속적으로 염분을 운송하고 퇴적시켜서 염류집적 현상이 발생하기도 한다.

수분이 작물의 생장에 미치는 영향

───── 수분은 생명의 원천이다. 수분은 식물의 잎이나 줄기를 곧게 지탱시켜주는 팽압을 유지해주며, 호흡 작용을 하는 데 필수요소이다. 수분의 이동 경로는 토양에서 뿌리로 흡수되고 줄기를 거쳐 잎으로 가 호흡작용에 의해 공기로 나간다. 수분은 주로 뿌리에서 흡수하지만 아주 미세한 입자로 잎에 뿌려

주면 잎에서도 일부 수분을 흡수해서 이용한다. 작물에 수분을 공급하는 방법은 고랑을 통해 물을 흘려보내는 고랑관수, 호스를 통해 뿌리 근처에 물이 점점이 흘러내리게 하는 점적관수, 물조리나 스프링클러로 물을 뿌려주는 살수법 등이 있다. 수분이 부족하거나 과다할 때 이상 현상이 발생한다.

수분 부족일 때 나타나는 현상은 줄기와 잎의 생장이 둔화하거나 불량해진다. 수분이 부족하면 양분 흡수 능력이 저하하며, 시들거나 말라 죽기도 한다. 수분이 절대적으로 부족한 지역에서는 선인장이나 바오밥나무처럼 형태가 변형되기도 한다. 수분이 부족하면 꽃 분화가 잘 안되고, 과실이 비대해지지 못하며, 수확 시기가 되기 전에 낙과가 되거나 과실에 착색이 불량해진다. 일찍 낙엽이 지기도 하고 겨울철에 동해와 건조 피해가 일어나며, 뿌리 흡수 수분보다 호흡에 의한 소모량이 많아 체내수분 함량이 줄고 생장량이 감소하는 수분 스트레스 현상도 나타난다.

그렇다면 수분이 과다할 때의 현상은 어떨까? 수분이 너무 많아지면 습해가 생겨나고, 병충해 발생이 심해지며, 뿌리가 호흡 곤란을 겪는다. 토양 내 산소 부족 현상이 일어나며, 새로운 뿌리가 잘 자라지 못하고, 영양분 흡수 장해 현상도 나타나며, 작물의 표면이 갈라터지는 열과 현상도 발생한다.

온도가 작물의 생장에 미치는 영향

───── 햇빛과 관련이 있기는 하지만 온도도 작물의 생장에 많은 영향을 미친다. 계절이나 위도 혹은 고도에 따라 다른 작물군이 형성된다. 온도는 작물의 발아와 성장, 교배와 결실에 많은 영향을 미친다. 작물이 가장 잘 자랄 수 있는 적정온도가 될 때 작물은 잘 자라지만 작물이 생육할 수 있는 상·하한의 온도인 임계온도가 되면 작물은 생장을 멈춘다. 온도가 올라가면 호흡량의 증가로 더 많은 수분이 필요해지고, 야간온도가 높으면 호흡증가로 영양물질 소모가 많아 생육이 불량해진다. 광합성 온도의 범위는 섭씨 0도에서 40도 사이이며, 온대기후에서 작물이 자라기에 아주 적합한 온도는 섭씨15~25도 정도이다. 섭씨 50~60도 정도가 되면 고온 피해를, 영하 20도 이하로 떨어지면 조직괴사나 황백색으로 퇴색하는 등 냉해 피해가 심하게 나타난다.

영양 물질에 따라 성장 속도가 다른 작물

───── 우리 사람들이 살아가는 데 필요한 영양소가 필요하듯이 작물들이 살아가는 데도 다양한 영양물질이 필요하다. 40여 가정이 농사짓는 공동텃밭에서의 경험이다. 같은 날, 같은 가을배추 모종을 몇 가정이 각자 자신의 텃밭에 심었다. 같은 종류의 배추였는데도 날이 갈수록 성장속도에 차이가 나는 모습이 역력했다. 한 가정은 심어둔 후 풀 관리만 했을 뿐 아무런 영양을 공급하

지 않아 김장배추를 뽑는 시기가 되었지만 배추는 거의 자라지 않아 도저히 김장배추로서의 가치가 없어서 다른 배추를 사서 담을 수밖에 없었다. 또 다른 가정은 밑거름으로 퇴비를 듬뿍 주기만 했을 뿐 더 이상 다른 영양 공급은 하지 않았다. 그 집 배추도 제법 자라기는 했어도 알이 꽉 찬 김장배추가 되지는 못했다. 오직 한 가정만이 내가 제시하는 방법대로 열심히 영양을 공급했더니 정말 알찬 김장배추를 수확할 수 있었다. 그 집은 일주일에 한 번 농장에 갈 때마다 한 주 동안 집에서 모은 가족들의 오줌과 쌀뜨물과 야채 씻은 물 등을 가지고 가서 정성들여 배추 주위에 부어주었다. 그랬더니 한 주 한 주가 달라지면서 배추가 잘 커가는 모습을 볼 수 있었고 결실이 좋은 배추를 수확할 수 있게 된 것이었다. 비료나 농약을 사용하지 않는 생명농법에서는 어떻게 땅을 잘 가꿀 것인지 작물에 필요한 영양은 무엇인지를 열심히 살피며 잘 공급해주어야 한다. 그렇지 않으면 비료 먹고 쑥쑥 자라는 배추처럼 잘 자라주지 않는다.

작물의 생장에 필요한 필수 요소

──── 일반적으로는 작물이 자라는 데는 필수 4대 요소(질소(N)/인산(P)/칼리(K)/칼슘(Ca))와 각종 미량 요소(황(S)/철(Fe)/붕소(B)/탄소(C)/수소(H)/산소(O)/마그네슘(Mg)/망간(Mn)/몰리브덴(Mo)/아연(Zn)/구리(Cu)/규소(Si)/염소(Cl))들이 필요하다고 한다. 아무것도 없는 맨 흙에서 작물을 키우려면 초기 작물의 성장에

필수적인 질소가 가장 많이 필요하다. 그래서 질소비료인 요소비료를 열심히 주고, 중기로 갈수록 인산과 칼리 비료를 공급하고, 결실기가 되면 칼슘비료를 공급한다. 이런 관점은 한편으로는 타당하지만 놓치고 있는 부분이 있다.

그런데 이런 논리는 비료를 중심으로 하는 농업대학의 관점이다. 숲속을 살펴보면 4대 영양소에 해당하는 질소, 인산, 칼리, 칼슘보다도 탄소질이 훨씬 많은 것을 알 수 있다. 숲은 오로지 탄소질에 해당하는 낙엽을 덮어주고 빗물만 받아 마실 뿐이지만 천년을 사는 나무들을 키워낼 수 있다. 따라서 생명농업에서는 그 어떤 영양물질 보다도 탄소질을 가장 우선시한다. 두둑에 풀덮기를 하여 탄소질이 충분히 공급되었을 때 필요한 질소질과 인산질, 칼리와 칼슘질을 공급해주면 작물이 충분히 흡수하여 잘 성장해갈 수 있는 것이다. 그래야 두둑을 계속해서 땅갈이를 하지 않고 사용할 수 있는 길이 열린다. 그렇지 않고 탄소질을 충분히 공급하는 것이 선행되지 않으면 비료만 먹은 땅은 너무 딱딱해져서 계속 땅갈이를 할 수밖에 없는 것이다. 또한 질소질 과다 현상으로 땅이 산성화 되거나 병충해에 약한 작물이 될 수밖에 없다.

영양부족으로 나타나는 현상들

———— 각종 영양소들이 부족하면 작물에 나타나는 현상들이 있다. 질소질(N)이 부족하면 작물이 잘 자라지 못하고 잎이 떨어지거나 황백화 현상이 나타

나게 된다. 인산(P)이 결핍되면 줄기가 가늘고 키가 작아진다. 분얼分蘖도 잘 안 되고, 과수의 경우 새로운 싹의 발육과 화아분화도 저하되고, 종실형성도 감소한다. 칼륨(K)이 부족하면 잎의 폭이 좁아지고 초장이 짧아지며 적갈색의 반점이 생긴다. 잎 둘레에 담황색의 무늬가 생성되기도 하고, 조직이 연약해 잘 쓰러진다. 콩의 경우 뒤쪽으로 잎이 말리는 현상이 나타난다. 칼슘(Ca)이 부족하면 어린잎에 황화 현상이 나타나다가 백화 현상을 거쳐 고사하는 경우가 생기며 잎에 갈색 물질이 발생한다. 사과의 경우 과실 표면에 적갈색과 흑반점의 병증(고두병)이 생기고, 수박과 토마토는 배꼽썩음병이 온다.

한편 마그네슘(Mg)이 부족하면 녹색 반점이 나타나기도 하고, 잎이 황백화 → 백화 → 괴사로 이어진다. 그런 현상은 포도와 콩, 강낭콩과 고구마, 토마토 등에서 나타난다. 황(S)이 부족할 때도 잎의 황백화 현상이 나타난다. 철(Fe)의 부족 때는 잎의 황백화 현상이 나타나는데 어린잎은 완전히 백화가 되어 떨어진다. 붕소(B) 결핍 때는 어린잎이 기형이 되거나 진한 청록색이 된다. 과실수는 불임 혹은 과실이 안 생기고, 줄기나 엽병이 갈라진다(샐러리/배추/튤립/뽕나무). 비대근 내부의 괴사(무/사탕무/순무/사탕무)도 오고, 과실의 과피나 내부의 괴사(토마토 배꼽썩음병/오이 열과/사과 축과병/귤 경과병), 생장점 괴사(토마토/당근/사탕무/고구마) 현상도 나타난다. 망간(Mn) 부족에는 표피조직이 오그라들고, 늙은 잎의 황백화 현상, 쌍자엽식물의 경우 잎이 작고 노란 반점이 생기며, 단자엽식물(귀리)은 잎의 밑 부분에 녹회색 반점과 줄이 생긴다. 몰리브덴(Mo)이 부족하면 잎이 황색이나 황록색이 되다 반점으로 변하고 결국에 괴사로 이어지

며 잎 모양이 회초리처럼 변해간다. 아연(Zn)이 부족하면 잎에서 황백화 현상
이 나타나거나 기형 잎이 되기도 한다.

2 농장에 심으면 좋은 작물들

생명농업 농부로 살아가려면 농장이나 텃밭에 어떤 작물을 심는 것이 좋은지에 대해 알아둘 필요가 있다. 자신이나 가족이 키워보고 싶거나 먹고 싶은 작물 혹은 이웃과 나누어 먹기 좋은 작물을 선택하는 것이 좋다.

식량작물:
벼/밀/보리/옥수수/콩/강낭콩/완두콩/땅콩/감자/고구마 등

——— 식량 작물로 벼와 보리나 율무, 옥수수 등을 심을 수 있다. 식량 자급률이 25%밖에 되지 않는 우리나라에서는 특히 식량작물 심는 일을 소중하게 생각해야 한다. 앞으로는 정부가 주요 식량작물을 심는 농부들에게는 단위 면

적당 일정한 지원금을 지급하는 제도를 마련하는 것이 좋을 것이다. 키가 작으면서도 식량이 될 만한 콩 종류와 감자, 고구마 등과 같은 뿌리식물들도 심기에 적당하다. 콩은 단백질의 보고이기도 하고 전통적으로 우리 조상들은 콩으로 메주를 쑤고 간장과 된장과 고추장 같은 발효식품을 만들어 건강한 삶을 영위해왔다. 콩의 종류만 하더라도 메주콩, 강낭콩, 완두콩, 땅콩, 쥐눈이콩, 동부, 작두콩 등 참 다양하다. 겨울 빈 땅을 이용해 보리나 밀을 심어도 좋다. 추운 겨울을 푸르게 자라는 보리나 밀을 보는 것만으로도 힐링이 될 수 있다. 봄과 여름 작물을 심다가 시기를 놓치면 메밀을 심는 것도 좋은 방법이다. 메밀은 국수를 만들어 먹기도 하지만 잡곡밥을 할 때 함께 넣어 밥을 해먹어도 좋다.

잎채소:
상추/배추/양배추/케일/갓/유채/시금치/근대/들깨 등

——— 농장에 심기에 가장 좋은 것이 잎채소들이다. 좁은 면적에서도 잘 자라고, 쉽게 수확해서 먹을 수도 있고 자라는 기쁨을 잘 느낄 수도 있는 것들이다. 잘 키우면 연중 끊임없이 다양한 잎채소를 키워낼 수 있다. 잎채소들 중에는 상추처럼 재배 기간이 짧은 것들이 많아서 일 년에 몇 번씩을 심을 수도 있다. 밥상이 풍성해질 수도 있고 키 큰 작물들 옆에 심어도 별로 방해가 되지 않고 서로 상생을 잘 하니 좁은 땅을 활용하는 좋은 방법이 될 수도 있다.

열매채소:

고추/가지/토마토/오이/호박/피망/딸기 등

―――― 잎채소에 비해 좀 더 큰 면적을 필요로 하는 것들이지만 우리 가정 식탁을 풍성하게 해줄 수 있는 것들이다. 제초제나 농약을 맞지 않은 고추나 가지를 자신의 농장에서 수확해서 먹을 수 있다는 사실만으로도 행복감을 느낄 수 있을 것이다. 그냥 씻기만 해서 먹을 수도 있고, 고추장이나 쌈장에 찍어 먹을 수 있는 열매채소들은 대체로 비타민이 풍부해서 우리의 건강에도 좋고 입맛을 돋우는 데 정말 좋은 것들이다.

뿌리채소:

당근/무/알타리무/열무/마늘/양파/우엉/비트/돼지감자/생강 등

―――― 잎채소가 하늘의 기운을 많이 받고 자란다면 땅의 기운을 가장 많이 받고 자라는 것들이 뿌리채소들이다. 땅이 기름지고 살아있는 땅이 되면 좋은 뿌리채소를 키워 먹을 수 있다. 가을무를 잘 키워서 저장해두고 겨우내 먹어 보면 정말 행복하다는 생각이 든다. 무는 생채로 먹을 수도 있고, 무국이나 무 전, 깍두기, 물김치, 배추김치 속에 박아두기, 말랭이, 장아찌 등 해먹을 수 있 는 것들이 너무나 많다. 이전에는 돼지감자를 작물이라고 생각하지도 않았다. 그러나 요즘은 돼지감자가 인슐린을 생성하는 특성이 있어 당뇨병에 좋다고

하여 각광을 받는 식품 중 하나가 되었다. 겨울철 돼지감자를 생으로 깎아 먹거나 건조시켜 차로 만들어 먹어 보면 정말 맛있다.

줄기채소:
대파/부추/쪽파/달래 등

──── 이런 종류는 잎채소나 뿌리채소로 분류하기도 하지만 주로 줄기 부분을 먹는 것이 중심이 되기에 줄기채소로 분류해본 것이다. 부추는 한번 심어 놓으면 계속 번지기도 하고, 잘라 먹어도 또 새로 자라주기에 작은 면적에서도 좋은 반찬거리를 얻을 수 있는 기쁨이 쏠쏠하다. 쪽파나 대파를 잘 활용하는 것도 좋을 것이다. 대파는 겨울 동안에도 한데에서 잘 버티어주기도 하지만 집 안 베란다에 한동안 먹을 만큼 뿌리째 묻어두고 몇 뿌리씩 캐서 국을 끓여 먹거나 전을 부쳐 먹어도 너무나 달콤하고 좋은 건강식품이다.

꽃 종류:
금송화/자운영/봉숭아/맨드라미/해바라기 등

──── 농장이라고 해서 꼭 먹을 수 있는 작물만을 심을 필요는 없다. 우리나라는 전통적으로 식량작물을 심기에도 땅이 부족해서 화단 이외에는 꽃을

심는 여유를 가져보지 못했던 것 같다. 그러나 땅이 넓은 세계 여러 나라 농민들은 꽃밭인지 농장인지 구분이 안 갈 정도로 농장에도 꽃을 많이 심는 것을 볼 수 있다. 농장에 꽃을 심으면 꽃을 피우는 즐거움도 만끽하고 그 꽃들로 차를 만들어 마실 수 있는 것들도 많다. 금송화나 유채, 구절초와 국화, 노란 코스모스나 맨드라미 등도 좋다. 매화나무나 모과, 아카시나무 등 다년생 나무로 된 꽃나무를 농장 곳곳에 심어둔다면 금상첨화일 것이다. 금송화나 들깨는 해충들이 싫어하는 기피 식물이 되기도 해서 몇 포기만 심어두어도 다른 작물들에게 도움이 될 수도 있으니 일거양득이다.

과일나무:
블루베리/귤/석류/대추/오디 등

——— 과수원이 아니라고 하더라도 농장 곳곳에 과일나무를 심으면 좋다. 과일나무는 다년생이어서 매년 조금씩 자라가는 모습을 보는 것도 좋고, 텃밭이 더욱 풍성해지는 느낌을 받을 수도 있다. 더욱이 과일나무는 몇 년 동안 잘 키우게 되면 과일을 얻을 수도 있고 많은 꽃을 피우니 농장이 한결 아름다워 질 수 있다. 공동텃밭을 경작하면서 간식을 미리 준비해가지 못한 초여름이었다. 한참 일을 하다 보니 목도 마르고 허기도 졌다. 다행히 밭가에 7~8년 생 오디나무 세 그루가 있어서 다가가 보니 달디 단 검붉은 오디들이 주렁주렁 달려있어서 배불리 따먹은 적이 여러 번 있었다. 과일나무를 심으면 일년생 작물을

키우는 것과는 또 다른 즐거움과 감동을 느끼게 될 것이다.

허브나 약초/임산물:
민트/바질/자스민/산마늘/방풍/더덕/도라지/홍화/당귀/두릅

———— 다양한 허브식물과 약초들을 심는 것도 좋은 경험이 될 것이다. 상추 잎이나 깻잎으로 쌈을 싸 먹을 때 민트나 바질 잎 하나씩 섞어서 먹으면 그 맛과 향이 입맛을 돋우어 준다. 주변에 야산이 있다면 야산에서 잘 자라는 산마늘이나 더덕을 심어보는 것도 좋다. 산마늘 잎으로 쌈을 싸먹어도 좋고 간장에 절여서 절임식품으로 만들어 오래도록 먹을 수도 있다. 두릅나무도 좋다. 산에서 가시가 있는 야생 두릅나무 가지 몇 개를 잘라 와서 농장의 밭 언덕에 심어두고 매년 그 가지들을 잘라서 주변 밭 언덕으로 확산을 시켜갔더니 몇 년 이내에 온 밭 언덕이 두릅나무 밭으로 변하는 것을 경험한 적이 있다. 봄이 되면 두릅 순을 꺾어서 살짝 데쳐 초장에 찍어 먹는 맛이 일품이었다.

다양한 작물들이 자라는 농장을 그려보는 것만으로도 행복이 한 아름 다가오는 기분이 들지 않는가! 우선 우리의 농장이나 텃밭에 무엇을 심으면 좋을지 먼저 생각하고 전문가와 함께 혹은 농장이나 텃밭을 함께 만들어갈 사람들끼리 종묘상을 찾아가서 직접 고르기도 하고 전문가의 조언을 들으면 좋을 것이다. 내게로 찾아와도 적당한 조언과 함께 내가 가진 몇몇 토종씨앗을 나누어줄 수 있을 것이다.

3   파종과 관련된 작물 바로 이해하기

작물에 대한 기본 이해

——— 이제 우리가 심을 작물들을 심는 방법에 대해 생각해보자. 농사의 초보자들과 아마추어들은 대체로 종묘상에서 모종으로 된 것들을 심기 때문에 어떻게 심는 것이 좋은지 잘 구별이 가지 않는다. 그러나 제대로 된 농부가 되려면 작물은 어떻게 심는 것이 더 잘 키우는 것인지를 알고 재배하는 것이 필요하다. 작물은 일반적으로 씨앗으로 파종하는 작물, 구근으로 심는 작물, 모종을 별도로 키워서 본밭으로 나가 정식하는 작물, 뿌리나누기를 해서 심는 작물 등으로 구분할 수 있다.

씨앗으로 파종하는 작물

──────── 대부분의 많은 작물들은 씨앗으로 직접 파종하는 것들이다. 벼(일반벼/흑미/찰벼/조생종/만생종 등)를 비롯하여 밀과 보리와 호밀, 귀리 등 대부분의 식량작물은 씨앗으로 파종한다. 물론 벼는 본답에 직파를 하는 경우도 있지만 모판에 모종을 키워서 본답으로 이앙하는 방식을 취한다. 대부분의 콩류(완두콩/껍질완두콩/작두콩/강낭콩/병아리콩/울타리콩/제비콩/밤콩/선비콩/갓끈동부/아주까리밤콩/땅콩)도 씨앗을 그대로 본밭에 심는 것이 활착률이 좋은 편이다. 팥 종류(검은팥/푸른팥/붉은팥/쉬나리팥)도 마찬가지다. 우리가 고기를 먹을 때 꼭 필요한 상추(양상추/개쎄바닥상추/적상추/아바타상추/청로메인상추/적로메인상추)도 씨앗으로 심는 것이 좋다. 물론 상추는 모종으로 키워서 본밭에다 적당한 간격으로 심는 것이 관리하기에 좋을 수도 있다. 겨자채(청겨자/적겨자)와 치커리, 시금치(봄시금치/가을시금치/월동시금치), 배추(봄배추/가을 김장배추 등), 무 종류(봄무/열무/김장무)와 갓(청갓/적갓), 양배추/브로콜리/콜리플라워, 당근, 근대/아욱/쑥갓 등도 다 씨앗으로 심는 작물들이다. 대파, 양파(흰양파/자색양파), 참깨/들깨/잎들깨/자소엽, 더덕/도라지, 호박(누렁호박/긴호박/주키니/단호박 등), 옥수수(큰옥수수/찰옥수수/쥐이빨옥수수), 고추(토종고추/오이고추/아삭이고추 등), 가지(긴가지/토종가지), 토마토(찰토마토/방울토마토/대추방울토마토), 오이(다다기오이/둥근오이), 더덕과 도라지, 참외/수박 등도 모두 씨앗으로 심을 수 있는 작물들이다. 씨로 심는 꽃들도 있다. 해바라기, 코스모스, 황코스모스, 금송화, 백일홍, 봉숭아. 자운영 등은 꽃씨로 심어야 잘 자란다.

알뿌리(구근)로 파종하는 작물

──── 다음으로는 씨가 아니라 알뿌리球根로 뿌리를 저장했다가 심는 것들도 있다. 감자류(일반감자/자색감자/돼지감자)와 고구마(물고구마/밤고구마/자색고구마)가 주된 작물이다. 그 외에도 마늘과 생강, 쪽파(종구) 등도 그렇다. 감자는 본밭에 바로 심지만 고구마는 미리 구근을 심어 긴 줄기를 낸 후 줄기를 잘라서 본밭에 심는 방법을 사용한다. 알뿌리로 심는 꽃들도 있다. 달리아, 칸나, 튤립, 히아신스, 나리, 백합 등이 있다. 구근으로 심는 꽃들 중에는 봄에 심는 구근(달리아/칸나/글라디올러스)과 가을에 심는 구근(나리/튤립/히아신스/백합)으로 나뉜다.

포기나누기로 심는 작물

──── 작물 중에는 포기나누기를 통해 번식하는 것들도 있다. 딸기나 국화가 대표적인 것들이다. 스파티필름이라는 화초나 군자란, 알로에도 포기나누기 할 수 있는 대표적인 식물이다. 몇 년 전에 알로에 화분 하나를 우리집 베란다에서 키우기 시작했는데 거름을 충분히 주고 정성을 기울였더니 매년 10여 개의 새끼 알로에를 옆에다 새로 키워 내준다. 그것들을 다시 다른 화분에 심어두기만 하면 또다시 1년 쯤 뒤부터는 새로운 알로에를 얻을 수 있다. 일반적으로는 알로에를 그렇게 중요하게 생각하지 않지만 나는 알로에를 정말 아끼

고 사랑하고 많이 애용하는 편이다. 알로에는 비타민과 미네랄, 아미노산 등 많은 좋은 성분을 지니고 있는 약용식물이다. 알로에는 항산화 성분과 항염작용도 하고, 소화기능도 돕고, 혈당조절 작용을 하며, 피부트러블 치료기능과 면역력을 강화시키며, 항암작용도 하는 등 대단히 많은 좋은 기능을 가지고 있다. 알로에를 키우며 제일 아래 줄기부터 하나씩 잘라서 겔로 된 속 부분을 꿀차와 함께 매일 1~2컵씩 마시고, 겉 부분에 남아 있는 겔은 얼굴과 피부에 발라주면 피부미용에도 아주 좋다.

모종 키우기를 필요로 하는 작물

———— 씨앗으로 심는 작물 중에는 고추처럼 2월 중순의 이른 봄부터 바로 노지에 심는 것이 어려워 비닐하우스나 실내에서 모종으로 키워서 서리 피해가 사라진 5월 초나 중순에 본밭으로 내다 심는 것들도 많이 있다. 가지와 토마토, 오이와 참외, 호박과 , 상추와 배추 등이 있다. 우리나라에서는 물을 주는 관수시설도 잘되어 있는 편이고 비도 가끔 잘 내려주기 때문에 본밭에 바로 심는 것이 어렵지 않을 수 있으나 아프리카의 경우는 좀 다르다. 내가 지도하던 아프리카 말라위에서는 대부분의 많은 작물들을 씨로 본밭에 바로 파종하기보다는 모종상자에 모종으로 키우는 것을 권고했었다. 그 이유는 물이 부족하고 관수시설도 거의 안 되어 있는 아프리카에서는 본밭에 씨앗으로 바로 파종을 한 후 비가 내리지 않으면 정말 관리하기가 어렵다. 그래서 건기나 본격적

인 우기이전에 별도로 모종을 키우게 되면 관리도 쉽고 물주기도 좋다. 본밭에서 싹이 나다가 말라버리는 모습이 허다한데 이렇게 모종을 충분히 키운 뒤 본격적인 우기가 되어 본밭으로 이식을 하게 되면 그만큼 작물을 살리기도 쉽고 전반적으로 관리가 용이하기 때문이다.

4   작물별 파종과 수확 시기

각 작물별로 파종시기와 수확 시기를 이해하면 작물 돌보기가 한결 쉬워질 수 있다. 아래에 대략적인 파종시기를 제시하니 참고로 삼기를 바란다. 우리나라이지만 남해안 지방과 중부지방은 작물에 따라 그 시기가 제법 차이가 날 수 있으니 지역의 농업환경을 주의 깊게 고려하는 것이 좋다. 그렇지만 조금 이르거나 늦어도 크게 문제없으니 각자 나름대로의 실천을 통해 자신에게 가장 좋은 시기를 정할 수 있을 것이다.

2월 파종 작물

1) 고추 : 2월 10일경 씨앗으로 모종 붓기/3월 10일경 1차 이식/5월 10일경 본밭 정식

2) 감자 : 2월 말~3월 초순경 구근으로 본밭에 심기/6월 말 하지 때부터 수확

3) 밀 : 봄파종 2월 중순/수확 6월

3월 파종 작물

1) 봄상추 : 파종 3월~5월/4~7월 수확/씨앗채종 6~7월

2) 배추 : 파종 3월 중순/수확 5~6월

3) 얼갈이배추 : 파종 3월 초/수확 5~6월

4) 겨자채 : 파종 3월 중순/수확 5~6월/채종 6~7월

5) 쑥갓 : 파종 3월 중순/수확 5~6월/채종 6~7월

6) 무 : 파종 3월 중순/수확 5~6월/채종 6~7월

8) 방아 : 파종 3월 중순/수확 5~6월/채종 8~9월

9) 완두콩 : 파종 3월 중순/수확 5~6월

10) 봄당근 : 파종 3월 중순/수확 5~6월

11) 고구마 : 파종 3월 중순/순 잘라 본밭에 심기 5월 말~6월 초/수확 10월

12) 홍화 : 파종 3월 중순/수확 7~8월/채종 8월

13) 봄미나리 : 옮겨심기 3월/수확 5~6월

14) 돼지감자 : 파종 3월 중하순/수확 11월 혹은 월동 후 이듬해 2월 말

15) 도라지 : 파종 3월 중하순/수확 10~11월

16) 비트 : 파종 3월 중하순/잎수확 5월/뿌리수확 6월

17) 열무/총각무 : 파종 3월 중하순/수확 5~6월

18) 대파 : 파종 3월 중하순/수확 10~11월/채종 이듬해 6월

19) 부추 : 파종 3월 중하순/수확 8월~10월

20) 양배추 : 파종 3월 말 모종상 파종/정식 5월/수확 8~9월

4월 파종 작물

1) 오이 : 파종 4월 초 중순/정식 6월/수확 8~9월

2) 호박 : 파종 4월 초 중순/정식 6월/수확 8~9월

3) 수박 : 파종 4월 초 중순/정식 6월/수확 8~9월

4) 참외 : 파종 4월 초 중순/정식 6월/수확 8~9월

5) 아욱 : 파종 4월 초 중순/수확 5~6월/채종 7월

6) 봄시금치 : 파종 4월 초 중순/수확 6월

7) 옥수수 : 파종 4~6월/수확 6~10월

8) 동부 : 파종 4월/수확 7~9월/채종 8~10월

9) 생강 : 파종 4월/수확 10~11월

10) 완두콩 : 파종 4월 초/수확 6~7월

5월 파종 작물

1) 잎들깨 : 파종 5~7월/수확 6~9월/채종 10월

2) 참깨 : 파종 5월/8월 중순 순지르기/수확 8~9월/채종 9월

3) 생강 : 파종 5월 초/수확 10~11월

4) 우엉 : 파종 5월 초/수확 8~9월

5) 수수 : 파종 5월 중순/수확 9~10월

6) 모종 심기 : 고추/가지/토마토/양배추/호박/오이/참외/수박/

6~7월 파종 작물

1) 메주 콩 : 파종 6월/수확 10월

2) 가을양배추 : 모종상 파종 7월 초/정식 8월 초/수확 10~11월

3) 청태/밤콩/선비콩/강낭콩 : 파종 7월 초순/수확 10월

4) 팥(검은팥/푸른팥/붉은팥) : 파종 7월 초/수확 10~11월

5) 가을옥수수 : 파종 7월 중순/수확 10월

6) 가을당근 : 파종 7월 중순/수확 10~11월

7) 브로콜리 : 모종상 파종 7월 초/정식 8월 초/수확 11월

8월 파종 작물

1) 가을상추 : 파종 8월 초/수확 9~11월

2) 김장배추 : 파종 8월 초 모종상/정식 9월 초/수확 10~11월

3) 가을쑥갓 : 파종 8월 초/수확 10~11월

4) 가을겨자채 : 파종 8월 초/수확 10~11월

5) 열무 : 파종 8월 초/수확 10~11월

6) 가을미나리 : 파종 8월 초/수확 10~11월

7) 갓 : 파종 8월 초/수확 10~11월

8) 가을시금치 : 파종 8월/수확 10~11월

9) 가을아욱 : 파종 8월 초/수확 9~11월/채종 11월

10) 쪽파 : 파종 8월 말/수확 10~11월/월동쪽파는 이듬해 4월 수확/종구수확 5월

10월 파종 작물

1) 마늘 : 파종 10월/수확 이듬해 6월

2) 양파 : 파종 10월/수확 이듬해 6월

3) 월동시금치 : 파종 10월 초 중순/수확 이듬해 3~4월/채종 이듬해 6월

4) 월동상추 : 파종 10월 초 중순/수확 이듬해 3~4월

여러 해 살이 작물들 : 천년초, 알로에

여섯째 마당
작물 잘 돌보기

1   작물 심고 돌보기(초기)

농사짓기 위한 기본적인 준비과정

———— 그동안 우리는 생명농업 농사를 위해 여러 가지 준비를 해왔다. 왜 생명농업을 해야 하는지도 이해하게 되었고, 생명농업은 자연으로부터 배우고 자연을 닮아가는 농업의 방법이라는 사실도 알았다. 농부가 가져야 할 마음가짐과 준비해야 할 것들도 알았고, 아름답고 실용적인 농장 디자인도 하고, 흙을 옥토로 만들어가는 방법도 알게 되었다. 그리고 참된 생명력을 지녔을 뿐 아니라 농민의 주권을 찾을 수 있는 토종씨앗의 중요성도 알게 되었다. 그리고 작물의 생장에 영향을 미치는 것들이 어떤 것들인지도 알고, 어떤 작물을 심을지도 대략 정할 수 있게 되었다. 그렇다면 이제부터는 실제로 작물을 어떻게 심는 것이 좋은지 알아보기로 하자.

두둑준비

———— 경작지 디자인을 통해 두둑을 어떻게 만들어야 할 것인지를 이해했을 것이다. 두둑은 보통 80cm 넓이로 만든다. 윗부분이 80cm 두둑이 되려면 아랫부분은 90cm로 만들어야 한다. 두둑과 두둑 사이에는 30cm의 골을 만든다. 두둑을 만든 후에는 스스로 만든 자가 퇴비이거나 구입한 퇴비를 충분히 깔아주고 흙과 잘 뒤섞어준다. 이 때 집에서 모은 오줌을 함께 뿌려주고 흙과 잘 섞어주어도 좋다. 다음으로는 그 두둑 위에 낙엽이나 마른 풀을 덮어주는 것이 좋다. 새로 만든 두둑이어서 풀이 날 가능성이 높은데 낙엽멀칭은 잡초가 발아되는 것을 막아주는 역할을 해줄 것이다. 이렇게 두둑 준비가 끝나면 씨앗을 심거나 모종을 심을 수 있다.

씨앗이나 모종 작물활성액에 담갔다 심기

———— 심고 싶은 작물의 씨앗이나 모종을 구해놓았을 때 두둑에 심기 전에 한 가지 더 할 일이 있다. 물론 바로 두둑에 심어도 되지만 씨앗이나 모종이 더 좋은 힘을 발휘할 수 있도록 조금 도와주는 것이 필요하다. 소주나 막걸리와 함께 설탕에 절여 만든 식물발효액, 마시다 남은 드링크제나 식초 등을 물과 잘 섞어 30~50배액 정도의 용액을 만든 후 씨앗을 양파망에 넣은 채로 2시간 정도 담근 후에, 모종은 뿌리가 푹 잠길 정도로 10분 정도 담근 후에 두둑에

208

심으면 좋다. 그처럼 좋은 작물활성액에 담갔다 심게 되면 잠자고 있던 씨앗의 잠을 깨우는 역할도 하고, 씨앗의 발아율도 높아지며 본래 씨앗이 가지고 있던 능력을 더 잘 발휘할 수 있게 된다. 모종을 작물활성액에 담갔다 심는 것도 작물 본래 가지고 있던 능력을 더 잘 발휘할 수 있게 만들어준다. 사람들도 살아가면서 가끔 특별식도 먹고 술도 한잔 하면 기분도 좋아지고 힘이 생겨나는 것처럼 작물들에게도 가끔 특별식이 필요하다.

씨앗이나 모종을 두둑에 심을 때의 원칙

─────── 이미 잘 만들어둔 80cm 두둑에 씨앗이나 모종을 심을 때도 나름의 법칙이 있다. 대규모로 고추나 토마토 혹은 가지를 단작으로 심는 관행농법 농가에서는 80cm 두둑에 한 종류의 모종만을 심는다. 그렇게 몇 백 평 혹은 몇천 평을 한 작물로만 심게 되니 많은 병충해가 올 수 있다. 그래서 열심히 농약을 뿌려댈 수밖에 없다. 그에 비해 생명농업에서는 두둑의 가운뎃줄에 고추나 가지, 토마토를 심고 끝나는 것이 아니라 양쪽 가장자리 쪽의 두 줄에는 키가 작은 상추나 파, 부추, 겨자채 등을 심으면 좋다. 그렇게 심는 것을 공생농법이라고 하는데 다양한 작물이 한 두둑에 심겨지니 관리하기는 어려울 수 있으나 생물종 다양성으로 인해 병충해도 덜 오고 작물끼리 서로 돕는 현상이 생겨날 수 있는 좋은 농사의 방법이다.

모종 키우기

───── 작물들 중에는 두둑에 씨앗으로 직파하기보다는 모종을 키워서 본밭으로 옮겨 심어야 하는 경우가 더러 있다. 그래서 모종을 키우는 방법을 익혀 놓는 것도 필요하다. 모종을 키우기 위해서는 모판으로 쓸 상자와 그 상자를 채울 흙인 상토, 씨앗과 덮개 정도가 필요하다.

고추 모종 키우기를 중심으로 설명해보겠다. 한국에서는 2월 10일경 고추씨를 모판에 심는다. 모판에 상토를 적당히 채운 후 식물활성용액에 씨앗을 2시간 정도 담갔다 꺼내서 씨앗이 서로 엉겨 붙지 않을 정도로 적당한 간격으로 고추씨를 상토 위에 뿌린다. 그 위에 고추씨가 보이지 않을 정도로 다시 상토를 더 덮어준 후 충분히 물을 뿌려주고, 그 위에 부직포를 덮어주면 된다. 밤에는 항상 부직포를 덮어두었다가 낮이 되면 햇볕을 쪼이는 것이 좋다. 물은 하루에 한 번식 적절하게 뿌려준다. 바닥은 30도 정도의 온도를 유지할 수 있도록 열선을 깔아 관리하거나 20도 이상의 실내에서 키우면 된다. 그렇게 20~30일 정도 키운 후 3월 10일 경 다른 모상에 1차 이식 작업을 해준다. 처음 모판에 뿌릴 때는 흩뿌림이었다면 두 번째 모상에는 한 포기씩 옮겨 심는 방식이다. 72구나 105구 정도의 모상에 고추 한 포기씩을 조심해서 옮긴 후 잘 관리하면 된다. 4월 중순 정도부터는 고추 모종에 진딧물 같은 병해충이 끼지 않는지 잘 살펴보는 것이 좋다. 진딧물이 끼면 고추씨와 마늘과 담뱃잎을 찧어 만든 액이나 목초액을 500배액으로 만들어 뿌려주면 된다. 그렇게 본밭에 심게 될 5월 초까지 두 달 정도 잘 키우면 된다.

어린싹 돌보기

─────── 작물을 씨앗으로 심으면 2~7일 이내에 예쁜 싹을 내민다. 그렇게 예쁜 모습을 보며 아주 예쁘다고 말을 건네주면 작물은 더 좋아한다. 작물 자신이 가진 능력도 크지만 농부가 그 생명들을 사랑하고 아끼며 정성을 다하고 사랑한다는 말을 전해주면 작물은 놀라울 정도로 더 좋은 능력을 발휘하게 된다. 어린 작물에게는 충분할 정도로 퇴비나 오줌을 충분히 주었기 때문에 영양이 모자라지 않을 수는 있지만 더 좋은 작물이 될 수 있도록 보너스로 식물발효액이나 막걸리 찌꺼기를 500~1000배액 정도로 희석하여 매주 한 차례씩 뿌려준다면 작물은 더 활기 있게 잘 자랄 수 있다. 배추나 양배추, 케일 등은 어린싹이 날 때부터 해충 애벌레들이 찾아올 수 있으니 손으로 잡아주거나 잘 달래서 다른 곳으로 보내거나 해충 기피제로 은행알 우린물이나 목초액을 1000배액으로 주 1회씩 뿌려주어도 좋다.

2   제법 자란 작물이나 모종으로 심은 작물 돌보기(중기)

청소년기에 해당하는 중기 작물 돌보기

───── 잎채소들은 30일 정도가 지나면 벌써 겉잎 수확을 시작할 수 있게 된다. 상추나 겨자채, 치커리 등은 먼저 자란 겉잎부터 수확하면 조금씩 위로 자라면서 위쪽 잎을 수확할 수 있게 된다. 이때도 식물발효액이나 막걸리 등을 500배액으로 만들어 주 1회 정도 꾸준히 엽면살포하면 작물의 영양이 풍부해지고 맛과 향이 아주 좋아진다. 고추나 토마토, 가지 등 모종으로 심는 열매채소 작물들은 모종을 심을 때 이미 30~50일 정도 자란 뒤이다. 그래서 모종으로 심었을 때는 이미 중기 관리에 들어가야 할 때이다. 중기에 해야 할 중요한 작업들은 지주대 세워주기와 끈으로 묶어주기, 곁순 자르기, 웃거름주기, 병충해 방제하기 등이다.

지주대 세워주기

──── 고추나 토마토, 가지 등 키 큰 열매채소를 위해 지주대를 세워주는 방식은 개별 작목마다 하나씩 개별지주를 세워주는 방식과 튼튼한 지주를 군데군데 세워주고 몇 포기의 작물을 줄로 묶어주는 방식이 있다. 토마토처럼 키가 위로 많이 자라는 것들은 높은 곳에 가로 지주를 장치하고 위에서 줄을 내려 유인핀을 꽂아주는 것도 좋다. 수세미나 조롱박처럼 지붕으로 타고 올라가기를 좋아하는 작물들을 위해서는 철재로 터널을 만들고 타고 올라가 그늘도 만들고 보기에도 좋게 만들어주는 것이 좋다. 오이나 단호박 같은 작물을 위해서는 삼각 지주대를 설치해주는 것도 좋다.

곁순 자르기

──── 중기 관리 중에 아주 중요한 것 중 하나가 곁순 자르기이다. 토마토, 가지, 고추 모두 곁순 자르기를 철저히 해주는 것이 작물을 튼튼하게 키우고 좋은 결실을 얻는 데 좋다. 토마토는 원 줄기를 제외한 곁순을 모두 잘라주는 것이 좋다. 자른 곁순을 토마토 원줄기 주변에 놓아주거나, 말린 후 물에 우려내어 토마토 영양제로 잎과 줄기에 살포하는 것도 토마토 잘 키우기에 도움이 된다. 토마토 곁순은 제7화방이 있는 곳까지 잘라주면 된다. 토마토 곁순을 초기에 열심히 잘 잘라주어야 하지만 가끔씩 뿌리 주변이나 중간의 곁순을 놓

치고 지나갔을 경우 곁순이 크게 자랄 수도 있다. 그런 곁순 중 크고 좋은 것은 물에 담가두면 뿌리가 나온다. 뿌리 주변의 곁순은 이미 뿌리가 잘 자라 있기도 하다. 그런 곁순을 새로운 모종으로 다른 두둑에 심어두면 토마토 모종 값을 절약할 수도 있고 오래도록 토마토를 따먹을 수도 있어서 좋다.

고추는 둘 혹은 3개의 방아다리가 생기는 부분 아래쪽에 생기는 곁순을 모두 잘라주는 것이 좋다. 자른 곁순은 나물로 무쳐 먹어도 좋다. 또한 자른 곁순을 고추 원줄기 주변에 놓아주거나, 곁순을 말린 후 물에 우려내어 고추 영양제로 잎과 줄기에 살포하면 고추를 건강하게 키우는 데 도움이 된다. 가지의 곁순 자르기도 고추와 비슷하다. 방아다리 아랫부분의 곁순을 다 잘라주면 된다. 자른 곁순을 전으로 부쳐 먹기도 하고, 자른 곁순을 가지 원줄기 주변에 놓아주거나, 말린 후 물에 우려내어 가지 영양제로 잎과 줄기에 살포하는 것도 좋다. 가지는 염증을 치료하고 부스럼을 낫게 하는 좋은 효과가 있어서 생명농업으로 키운 가지는 가지열매나 잎이나 줄기 어느 하나 버릴 것이 없을 정도로 소중한 식품이다.

수박이나 참외를 키울 때도 곁순을 잘라주는 일이 아주 중요하다. 본래의 한 포기에서 원순이 2~3개 나오는데 그 원순들마다 굉장히 많은 곁순들이 나오기 시작한다. 그런 곁순들을 그대로 두면 곳곳에서 꽃을 피우고 수많은 참외나 수박을 달기 시작한다. 그렇게 되면 영양이 충분하지 못할 경우 꽃은 피었지만 열매를 달지 못하는 것들도 많고, 열매가 달려도 아주 작고 보잘것없는 열매만

달리게 된다. 그래서 상업적인 농가에서는 수박 모종 한 포기에 수박꽃 두 개만 필 수 있도록 곁순을 다 잘라준다. 그렇게 키우면 여러 개가 나눠 먹을 영양을 두 개의 수박이 다 흡수할 수 있게 되어 상품이 될 만한 좋은 수박을 얻을 수 있게 된다. 생명농업 농가에서는 그렇게 적게 달리게 할 필요는 없지만 수박순이나 참외순을 잘 관리하기 위해서라도 곁순은 잘라주어 한 포기에서 3~5개 정도의 좋은 열매를 얻을 수 있도록 노력하는 것이 좋다.

웃거름 주기

——— 작물이 어느 정도 자라서 청소년기를 맞이하면 더 많은 영양을 필요로 한다. 사람도 청소년기가 되면 먹고 또 먹어도 배가 고프다고 할 정도로 많은 음식을 필요로 하는 것처럼 작물들도 청소년기가 되면 그렇다. 작물들이 새로운 후손을 위해 꽃을 피우기 시작하면 영양생장으로부터 생식생장으로 전환하기 시작한다. 그럴 때는 단순히 크게 자라는 일뿐만 아니라 후손에게 필요한 특별한 영양이 필요하다. 영양생장기에 가장 많은 필요 영양분이 질소질이었다면 교대기와 생식생장기에는 인산질과 칼리질이 많이 필요해진다. 질소질은 오줌이나 가축의 똥오줌에 많이 들어 있지만 인산질이나 칼리질은 사람의 똥이나 깻묵에 많이 들어 있다. 따라서 콩기름을 짜고 나온 것이나 참기름과 들기름을 짜고 나온 것들(유박)로 만든 퇴비를 작물 주변에 웃거름으로 주는 것이 좋다. 텃밭에 갈 때마다 일주일 동안 모은 쌀뜨물을 가지고 가서 작물 주변에

뿌려주거나 100배액으로 희석시켜 분무기로 잎에다 살포해주는 것도 좋다.

병충해 방제하기

───── 작물을 키우다 보면 때로는 병충해가 찾아오기도 한다. 병은 주로 토양에서 오고 충은 주로 바람과 공기를 타고 온다. 병은 땅에서 온다고 했으니 좋은 흙을 만들어 가는 것이 병해 관리의 지름길이다. 땅이 오염 되지 않게 하고 잘 발효된 퇴비를 흙과 잘 섞어주는 것이 좋은 땅 관리이다. 진딧물이나 응애 또는 배추벌레 등을 퇴치하는 방법은 은행알 우린 물이나 목초액 등을 희석시켜 엽면살포하면 된다. 그에 대한 자세한 내용은 병충해 방제 난에서 자세히 다룰 것이다.

3 잡초 걱정 않는 농사는 어떻게 할까

농사가 힘든 이유와 잡초 대책

——— 농사가 힘든 이유는 잡초와 씨름하기가 힘들고, 병충해를 관리하기 힘들며, 심고 가꾸는 적절한 시기와 과정을 잘 모르고, 수확하더라도 팔기가 힘들기 때문이다. 이 모든 것 중에서도 가장 힘든 것은 잡초와 씨름하는 일이다. 그런데 생명농업을 하면 잡초에 대해 전혀 걱정하지 않으면서 농사를 잘할 수 있는 방법이 있다.

잡초에 대한 대책에는 어떤 방법들이 있는지 먼저 살펴보자. 첫째, 제초제 사용하기, 둘째, 비닐로 멀칭하기, 셋째, 호미로 김매기, 마지막으로 낙엽이나 풀로 덮어주기가 있다.

제초제에 의한 잡초 대책

——— 제초제에 의한 잡초 대책은 여러 가지 위험요인과 비용이 발생한다. 제초제가 지닌 독성이 강하기 때문에 실수로라도 인체에 쏟았을 때 치명적인 생명위협 혹은 장애를 가져올 수 있다. 또한 제초제는 유전인자를 선택적으로 파괴하는 특성이 있기 때문에 논과 밭에 사용하는 제초제를 선택을 잘못하여 소중한 작물을 다 죽게 만드는 경우도 생긴다. 제초제를 맞고 자란 작물을 먹는 소비자들에게 불임과 장애를 가져올 위험성도 있고, 연중 최소한 3~4회 정도 사용하는 제초제를 사는 비용도 발생하고 제초제를 뿌리는 인건비도 필요하다. 그리고 땅이 좋아지려면 더 많은 유기물이 땅속으로 들어가야 하는데 제초제로 유기물인 풀을 죽여 없애기 때문에 땅은 갈수록 박토가 될 가능성이 높아진다.

비닐멀칭에 의한 잡초대책

——— 비닐멀칭에 의한 잡초대책도 문제가 제법 많은 편이다. 매년 비닐 사는 비용과 멀칭하는 비용 그리고 비닐을 걷고 폐기하는 비용이 발생한다. 무엇보다도 폐비닐로 인한 오염문제는 심각하다. 비닐을 씌운다고 해도 비닐 안과 밖으로 비집고 나오는 잡초로 인해 제초제를 병용해야 하는 번거로움도 있다. 비닐로 인해 작물의 뿌리는 숨을 쉬기 어려워지고, 비닐로 씌운 땅의 온도가

올라가 작물의 뿌리가 화상을 입게 되어 작물의 수명이 단축된다. 비닐과 자외선의 결합으로 환경호르몬이 발생하기도 해서 농부의 건강문제도 심각해질 수 있다.

호미로 김매는 방법

──── 일반적으로 농민들은 호미로 김매기를 해서 잡초를 없애보려고 애를 쓴다. 호미로 하는 김매기는 너무 힘든 노동이라는 점이 가장 큰 문제점이다. 호미로 김을 매고 나서 돌아서면 풀이 난다고 할 정도로 잡초의 기세를 꺾기도 어렵다. 그 이유는 잡초씨앗은 햇빛에 노출될수록 발아가 잘되기 때문에 (광발아성) 호미로 잡초를 이기기 어려운 것이다. 더욱이 넓은 땅일 경우에 호미로 김을 매는 것으로는 감당하기 어려워진다. 호미로 긁어서 풀을 없앤 땅에서는 장마철에 많은 좋은 표토가 유실된다. 좋은 흙은 골이나 하천으로 흘러가버려 농사에 필요한 퇴비를 더 많이 주어야 하는 어려움이 따른다.

낙엽이나 풀 덮어주기

──── 낙엽이나 풀 덮어주기로 잡초문제를 쉽게 해결할 수 있다. 씨앗을 심은 후 두둑마다 10cm 정도의 풀을 덮어주거나, 낙엽을 미리 덮어준 후 낙엽을 비집고 모종을 심고 다시 낙엽을 모아준다면 정말 잡초 걱정 없이 농사를

잘 할 수 있다. 이런 방법은 자연의 방법(산 위의 나무와 식물들의 방법)이다. 낙엽이나 풀을 외부에서 가져오거나 골에서 키워야 하는 점이 어렵게 느껴질 수 있고, 초기에 재료를 가져오고 덮어주는 노동과 힘듦이 있지만 다른 제초의 방법에 비해 훨씬 쉬운 편이다. 이 방법이야말로 잡초를 나지 않게 막을 수 있는 가장 좋은 방법이니 꼭 실천해보면 좋겠다.

낙엽이나 풀 덮어주기의 장점이 정말 많다. 잡초를 나지 못하게 막는 기능도 있고, 태양열에 의해 증발하는 수분을 막아주어 수분 유지 기능을 함으로써 가뭄을 덜 탄다. 추운 계절에는 지온 상승 기능을 하여 땅이 얼지 않게 하기도 하고, 작물 성장 속도를 증가시키는 역할도 해준다. 낙엽이나 풀을 덮어주면 미생물의 집 역할을 하게 되고 먹이사슬에 따라 지렁이가 사는 땅이 되어 기름진 옥토로 변하게 된다. 장마철에 비가 오더라도 표토가 빗물에 씻겨 내려가지 않고 보존할 수 있다. 지렁이가 사는 땅은 수분 흡수율이 다른 땅에 비해 7~20배가 증가되어 땅이 질컥거리지 않아 작업하기가 좋다. 또한 땅이 필요로 하는 유기물을 보완해주게 되어 지속적인 퇴비화 작업이 가능하다. 마지막으로 두둑을 한번 만든 후 땅갈이를 하지 않고 지속적으로 사용할 수 있는 길이 열리게 되며, 경작에 들어가는 많은 비용을 줄일 수 있다. 낙엽이나 풀을 작물이 자라는 두둑에 덮어주는 방법은 지구를 살리는 가장 좋은 친환경 농법이 될 것이니 꼭 실천하기 바란다.

낙엽이나 풀을 구할 수 있는 곳은 어디일까?

─────── 오래도록 낙엽 채취를 하지 않아 부엽토가 많은 숲속이나 도심 공원이나 대학 교정도 좋다. 하천이나 길가에서 풀을 잘라와 덮어도 된다. 텃밭이 있는 밭 언덕이나 밭이랑의 골도 풀을 얻을 수 있는 좋은 곳이다. 그리고 낙엽이나 풀을 많이 모아둔 곳들이 곳곳에 있다. 각 구청 청소과에 문의하면 매년 도로나 공원에서 모아 놓은 낙엽과 풀을 쌓아놓고 도시 텃밭들에서 이용해주기를 바라는 곳들이 많다. (예: 강서 희망나무목공소/은평구 시설관리공단/연세대 시설관리과 등)

두둑에 덮어주기에 좋은 자연재료들도 다양하다. 낙엽과 부엽토, 풀과 곡식부산물, 톱밥이나 왕겨, 나무 칩 등이 있다. 자연재료를 이용한 두둑 덮어주기의 방법으로 잡초로 인한 어려움을 잘 극복하고 쉽고 즐겁게 농사할 수 있는 길을 열 수 있을 뿐만 아니라 땅을 기름지게 만들어 작물을 잘 키워내서 좋은 결실을 얻을 수 있기를 희망한다.

4   절기에 따라 농사하는
생명농업

절기에 따른 농사

———— 사람은 하늘의 기운과 땅의 기운을 받으며 살아가는 존재이다. 특히
생명농업 농사를 하는 농부는 하늘과 땅의 기운에 따라 변화하는 자연을 잘 알
아차리며 농사를 지어가야 한다. 우리 조상들은 하늘과 땅의 기운을 알아차리
고 농사하는 것을 중요하게 생각해왔다. 하늘의 주된 기운인 태양의 움직임에
따라 지구의 기운이 변화해가는 것을 알아차리며 그것을 절기로 만들어 낸 것
이 24절기이다. 1년이 12달이니 24절기는 매월 두 절기씩이 담기게 되는 모습
이다. 24절기는 태양의 움직임이 기본이지만 그 때의 땅의 기운 변화도 함께
고려해서 만들어진 것이다. 따라서 우리 조상들이 24절기에 따라 그 지역의 농
사를 어떻게 맞추어 지어야 하는지를 몸으로 익혀서 농사하던 것이 전통으로

만들어지게 되었다.

그러나 오늘날의 농부들은 조상들이 전해준 전통을 무시한 채 24절기도 잊고 살며 농사에도 잘 적용시키지 않는 모습이 많다. 오래도록 농사를 지어오면서 매년 농사일지를 쓰며 계절의 변화를 민감하게 받아들이고 그 변화들을 잘 기록해 둔 농부라면 절기를 몰라도 된다. 아니 그런 농부라면 오히려 우리 조상들의 24절기가 얼마나 농사에 도움이 되는지를 먼저 알게 되었을 것이다. 절기를 알면 언제 봄이 시작되는지 작은 작물들은 어느 때 들판에 가득 차는지, 서리는 언제쯤 내리고 큰 눈은 언제 오는지를 절기의 이름에서 벌써 알아차릴 수 있다.

24절기의 구분과 설명

——— 시절의 기운이라고 할 수 있는 24 절기는 태양의 위치나 높이에 따라 기본적인 절기를 구분하고 있다. 태양이 북반구에 있어 우리 머리 위를 지나며 높이 떠 있어서 낮이 가장 긴 날을 하지라고 부르고, 태양이 남반부로 내려가서 비추는 각도가 낮아져서 낮이 가장 짧아지는 날을 동지라고 부른다. 남반구에 있던 태양이 서서히 북쪽으로 올라오다 적도쯤에 왔을 때가 낮과 밤의 길이가 같아지는 춘분이며, 북반구에 있던 태양이 남으로 달려가다 적도쯤에 도달했을 때 다시 밤과 낮이 같아지는 추분이 된다. 태양의 움직임에 따라 땅의 기

운도 변화를 시작하는데 태양이 남반구에서 움직이기 시작해 얼마 지나지 않은 겨울이건만 이미 겨울 속에서 봄기운이 시작 된다는 사실을 알아차리고는 입춘이라 이름하고, 봄이 아직 한창일 때 벌써 여름의 기운이 시작된다고 하여 입하가 되고, 여름 속 가을은 입추, 가을 속 겨울의 시작은 입동이라 한다.

계절이 교차해가는 시기에 있는 교절기들은 겨울에서 봄이 될 때 우수와 경칩이 있고, 봄에서 여름이 될 때 소만과 망종이 자리한다. 여름에서 가을로 접어들 때 백로와 처서가 오고, 가을에서 겨울로 접어든 시기에 소설과 대설이 자리 잡고 있다. 계절의 절정에 달하는 극절기들은 봄에 청명과 곡우가 있으며, 여름에는 소서와 대서, 가을에는 한로와 상강, 겨울에는 추위의 대명사인 소한과 대한이 자리 잡고 있다.

24절기에 따라 농사하는 이점과 주의할 점

——— 24절기를 알고 농사하는 것은 때에 맞춰 농사를 짓는 것이다. 제때를 알고 농사하는 것은 절반의 성공이 될 수 있다. 언제 무엇을 어떻게 준비해야 할 지 미리 알 수 있다. 그래서 쫓기듯 농사를 하지 않아도 된다. 하늘의 기운과 땅의 기운에 따라 변화해가는 자연의 변화를 몸으로 느끼며 농사하게 되니 하늘과 땅과 자연과 농부가 하나 되는 느낌으로 농사를 해갈 수 있다. 자연과 일체감을 느끼며 농사해가는 것은 얼마나 큰 축복이겠는가!

그렇게 절기에 따라 농사를 짓자면 절기의 이름과 그 이름에 담긴 의미와 특징을 잘 익혀두고 외울 필요가 있다. 처음에는 24개의 절기 이름이 잘 익혀지지 않을 수가 있는데 점차 외우다보면 어느 틈엔가 쉬워진다. 노래로 절기의 이름을 외우는 방법도 있다. '송알송알 싸리잎에 은구슬~' 노래에 맞춰 노래를 부르면 된다(입춘우수경칩춘분청명곡우 입하소만망종하지소서대서 입추처서백로추분한로상강 입동소설대설동지소한대한). 절기의 이름과 특징이 술술 나올 때까지 익혀보자. 반드시 도움이 될 것이다. 또한 절기력과 더불어 각 지역단위의 특성을 주의 깊게 고려하는 것이 좋다. 각 지역의 연중 온도변화와 일교차, 서리 오는 시기와 서리가 끝나는 시기 등을 함께 알아두면 농사에 많은 도움이 된다.

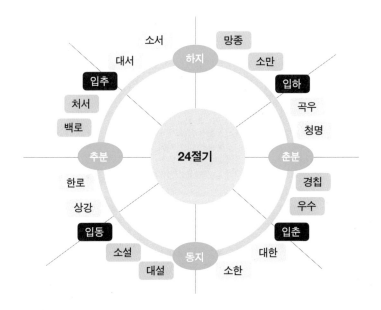

24절기에 따른 생명농업 농사력(식물)

절기	절기설명	논농사	밭농사
입춘 (2. 5)	• 겨울 속의 봄 • 땅이 녹고 봄이 시작	• 볍씨 갈무리	• 보리밟기 • 종자 손질 • 모종 키우기(고추/상추 등)
우수 (2. 21)	• 대동강물 풀리는 때 • 봄비 오고 싹이 튼다. • 꽃샘추위 등장	• 논 두둑에 낙엽 덮어주기 • 두둑에 똥오줌 뿌려주기	• 두둑에 낙엽 덮어주기 • 두둑에 오줌 뿌려주기
경칩 (3. 5)	• 개구리가 겨울잠에서 깰 때 • 제비 오고 쑥 나오고	• 호밀 보리 밀 자라기 시작	• 전년도 대파 옮겨심기 • 쑥 달래 냉이 캐기
춘분 (3. 21)	• 밤과 낮의 길이가 같아질 때 • 서리 조심		• 감자 심기 • 완두콩 강낭콩 파종 • 아욱(줄뿌림)
청명 (4. 5)	• 날이 밝고 맑은 때 • 매서운 봄바람이 분다		• 잎들깨 부추 대파 파종 • 봄채소 파종(배추/열무/상추/ 쑥갓/갓/근대/아욱/당근)
곡우 (4. 21)	• 곡식에 필요한 단비가 오는 때 • 남부는 서리가 완전히 사라진다. (중부는 아직)	• 못자리 준비-물대기/논두렁 • 볍씨 담그기(침종액)	• 풋마늘 수확 • 우전차 수확 • 고구마 싹틔우기 • 옥수수 땅콩 파종
입하 (5. 5)	• 봄 속의 여름	• 모판(40일)	• 모종 정식(고추/가지/오이/ 호박/토마토/수박) • 고구마/토란/생강 파종 • 대파 옮겨심기
소만 (5. 21)	• 작은 것들로 세상이 가득 찬다 는 뜻 • 일교차 큰 편	• 쌀겨 살포 • 보리 익는 시기 • 모내기 • 우렁이나 오리 넣기	• 옥수수 옮겨심기 • 완두콩 수확 • 마늘쫑 이용 • 감자꽃/감자순 자르기 • 고구마 순 심기 • 곁순 자르기(토마토/고추/가지) • 참깨 쥐눈이콩 파종
망종 (6. 5)	• 까끄라기 곡식 수확	• 밀 보리 베기 • 늦은 모내기 • 웃거름 주기	• 웃거름 주기/영양제 살포 • 열매 들깨 파종 • 애호박 수확
하지 (6. 22)	• 낮이 가장 긴 때 • 생식생장으로 전환하는 때	• 모내기 마지막 • 논 물 깊이 대기 • 현미식초/영양제	• 감자 당근 양파 마늘 수확 • 강낭콩 수확 • 콩류 파종(메주콩/청태/팥 등)

절기	절기설명	논농사	밭농사
소서 (7. 5)	• 본격적인 여름 더위		• 오이 애호박 풋고추 수확 • 메밀 파종
대서 (7. 21)	• 가장 무더운 여름(중복) • 모든 것이 활발히 성장하는 시기	• 웃거름 주기 • 현미식초/영양제/백초액 • 교대기	• 토마토 풋고추 가지 수확 • 참외 수박
입추 (8. 5)	• 가을이 오는 때(여름 속 가을)	• 벼가 쑥쑥 자라는 시기 • 생식생장기 • 칼슘제	• 대파 수확 • 김장용 배추 무 파종 • 양배추 겨자채 파종
처서 (8. 21)	• 무더위가 물러가는 때	• 벼이삭이 패는 시기 • 칼슘제/백초액	• 열무 홍당무 무 파종 • 갓 상추 쪽파 파종
백로 (9. 5)	• 맑은 이슬이 맺히는 때	• 벼이삭 여물어가는 시기	• 알타리 파종 • 가을 시금치 파종
추분 (9. 21)	• 밤과 낮의 길이가 같아질 때	• 벼 물 떼기	• 붉은 고추 따서 말리기 • 늦은 호박 수확
한로 (10. 5)	• 찬 이슬이 내릴 때 • 제비 떠나기	• 곡식 무르익어가는 때 • 가을 추수 시작	• 밀 보리 파종 • 월동 시금치 파종
상강 (10. 21)	• 된서리가 내리는 때 • 된서리로 농작물 피해가 큰 때 • 여름농사의 끝마무리	• 종용자 벼 손 수확하기 • 가을 추수 마무리(상강 전에 끝내야) • 보리 밀 심기	• 양파 마늘 심기 • 가을배추 끈 묶기 • 상강 전에 고추 토마토 상추 등 수확 마무리 필요
입동 (11. 5)	• 겨울 문턱 들어서고 • 낙엽이 지기 시작	• 자운영 파종 • 가위 보리(보리잎)	• 김장무 배추 수확 • 김장하기 • 자운영 파종
소설 (11. 21)	• 눈이 오고 살얼음 어는 때		• 무말랭이/시래기 말리기
대설 (12. 5)	• 땅이 얼고 큰 눈이 내리는 시기	• 토양개량제 살포 • 인분 살포	• 콩 삶아 메주 만들기
동지 (12. 21)	• 밤이 가장 긴 날	• 호밀 보리 밀 월동 • 퇴비 만들어 넣기	• 월동 배추 잘라 먹기 • 퇴비 만들어 넣기
소한 (1. 5)	• 한 해 중 가장 추운 때 • 소한이 추울수록 농사에 도움	• 유기물 살포 • 찬물에 볍씨 담그기(20일 정도)	• 겨울철 두둑 손보기 • 두둑 가꾸기(낙엽/오줌)
대한 (1. 21)	• 겨울 추위의 막바지	• 논에 인분이나 퇴비 내기 • 두둑에 낙엽 덮어주기	

5 작물 수확하고 활용하기

농부는 절기에 따라 농장에 다양한 작물을 심고 자라는 모습을 보는 것만으로도 즐겁다. 어느 정도 자라고 나면 곁순을 잘라주는 등 관리도 해야 하고, 때로는 솎아주어야 할 때도 있고, 본격적인 수확을 해야 하는 때도 온다. 자신이 스스로 심고 가꾼 작물을 수확하는 즐거움은 다른 어떤 즐거움보다도 더 감동적일 때가 많다. 자신이 작물들에게 해준 것보다도 땅은 기대 이상의 정말 많은 결실을 안겨주는 경우가 많다. 그렇게 다양한 작물을 철따라 수확한 뒤에는 어떻게 활용할 수 있을까? 제초제나 농약을 치지 않고 생명농업으로 정성들여 키운 작물들이니 흐르는 물에 씻고 쌈장만 만들어 그냥 먹을 수 있는 것들도 많을 것이고, 조금만 가공을 하거나 조리를 해서 먹을 수 있는 것들도 많을 것이다. 어떤 작물을 수확하고 어떻게 이용할 수 있는지에 대해서 간단하게 알아보는 것도 재미있을 것이다.

엽채류 채소의 수확과 이용

──── 농장에서 심고 가꿀 수 있는 가장 좋은 작물은 대체로 잎을 먹는 엽채류 채소이다. 각종 상추와 겨자채와 비타민채와 쑥갓, 배추 등이다. 그런 엽채류는 고기나 두부와 함께 쌈을 싸먹거나 소스를 곁들여 샐러드를 만들어 먹을 수 있다. 우리집에서는 배추를 아주 다양하게 잘 이용하는 편이다. 속배추는 너무도 고소하고 맛있어서 쌈장에 찍어먹고, 중간 배춧잎으로는 배추전을 부쳐 먹고, 겉 배춧잎은 잘라서 국을 끓여 먹어보면 배추 먹는 재미가 쏠쏠하다. 배추를 씨앗으로 파종할 경우에는 대체로 간격이 좁게 심게 되니 조금씩 자랄 때마다 연한 배추를 솎아서 생절이를 해먹는 것도 정말 맛있다.

한걸음 더 나아가 간장과 식초를 이용한 절임식품을 만들거나 김치를 만들어 장기 저장해두고 먹을 수도 있다. 채소를 이용해서 각종 김치를 담가 먹는 것은 세계 최고의 발효식품이 될 것이다. 잘 발효된 김치의 국물 속에는 시중에 판매되는 유산균 식품의 몇 백배나 많은 살아있는 유산균이 있으니 건강을 위해서라면 김칫국물만 남더라도 그 물을 버리거나 홀대하지 말고 소중한 유산균을 마시듯 조금씩 마시면 좋을 것이다.

열매채소의 수확과 이용

──── 고추, 가지, 토마토, 애호박 등과 같은 열매채소도 좋다. 열매채소들로도 다양한 요리나 가공이 가능하다. 맵지 않은 풋고추는 된장이나 쌈장에 찍어 먹는 것이 좋고, 매운 고추라면 된장찌개를 끓이는 데 넣어 먹어도 좋다. 고추는 오래가면 병이 잘 들 수도 있으니 푸른 고추가 제법 자랐을 때 열심히 따 먹는 것이 좋다. 따 먹고 나면 어느 새 새로운 고추가 주렁주렁 달려주니 병들기 전에 풋고추를 많이 따 먹고, 붉은 고추는 여름을 보내며 병들지 않고 버텨준다면 덤으로 얻는 선물이라고 생각하면 된다. 고추는 열대성 작물이라 항시 따뜻한 베란다에서는 서리 맞을 일도 없을 터이니 오래 다년생으로 키우는 즐거움도 누려볼 일이다.

가지는 가로로 썰어서 가지전을 부쳐 먹는 것도 좋고, 살짝 데치거나 삶아서 몇 가지 양념으로 무쳐 먹어도 정말 좋다. 더구나 가지를 많이 먹으면 우리 몸을 정화해주는 작용이 있어서 봄부터 가을까지 나는 가지를 많이 먹으면 부스럼이나 염증을 막아주는 효과도 있고, 유기농으로 농사지은 가지대를 달여서 상복하면 초기 암증세도 낫는다는 이야기도 있다. 약간 연한 가지잎을 좋은 밀가루로 전을 부쳐서 먹는 것도 아주 일품이다.

우리집에서는 토마토를 반찬으로 잘 해먹는 편이다. 유럽 속담에 토마토가 발갛게 익어 가면 의사의 얼굴에 수심이 쌓인다는 말이 있을 정도로 토마토는 참 좋은 건강식품이다. 한국인들은 토마토를 간식으로 먹는 과일 정도라고 생각하지 유럽이나 인도 사람들처럼 정말 중요한 반찬으로 먹는 경우가 별로 없다. 잘 익은 토마토로는 토마토수프를 해먹으면 정말 맛있어서 다른 반찬이 필요 없을 정도이다. 덜 익은 푸른 토마토로는 간장절임을 해놓으면 입맛을 돋우는 식품으로 두고두고 먹을 수 있다. 그 외에도 토마토로는 잼이나 주스를 만들어 먹을 수 있다.

뿌리채소의 수확과 이용

———— 고구마와 감자 혹은 돼지감자 같은 뿌리채소를 수확하고 이용하는 좋은 방법도 알아보자. 일반적으로 고구마나 감자를 캘 때 호미로 캐거나 트랙터를 이용한다. 두 방법 다 이미 만든 두둑이 다 허물어지게 되니 다시 땅갈이를 하고 두둑을 새로 만들어 다른 작물을 심을 수밖에 없다. 그러나 나는 고구마나 감자를 캘 때 호미 대신 삽을 잘 이용한다. 뿌리가 들어 있을 만한 부분에 삽을 깊이 대고 젖혀주면 한 번에 한 포기에서 생겨난 감자나 고구마를 다 캘 수 있다. 땅이 좋으면 한 번 아니면 두 번 삽질이면 된다. 알뿌리를 골라 담은 후 다시 두둑은 원상복구 시켜두면 된다. 그러면 그 두둑도 땅갈이 하지 않고 여러 해를 사용할 수 있다.

수확한 감자는 삶거나 쪄서 먹을 수도 있고, 감자조림도 가능하고 얇게 썰어서 아이들이 좋아하는 감자칩으로 만들어 먹어도 된다. 감자 전분을 만들어 감자전을 만들어 먹는 것도 아주 별미이다. 고구마도 다양한 방식으로 이용할 수 있다. 아내는 밥보다도 고구마를 더 좋아해서 고구마가 나는 철이면 너무 행복해하며 고구마를 잘 먹는다. 크고 흰색이 나는 물고구마는 잘 저장해두고 겨우내 칼로 깎아먹으면 정말 달고 맛있다. 고구마 맛탕을 만들어 먹어도 좋고 난로에 구워 먹는 것은 겨울철의 큰 즐거움이다. 돼지감자를 생으로 먹는 것도 참 맛있다. 돼지감자를 썰어서 김치에 넣어도 좋고, 간장과 식초를 넣어 절임을 만들어 먹어도 좋다. 돼지감자를 얇게 썰어서 볶거나 잘 건조해서 차로 마시면 맛과 향도 좋고 당뇨병에도 도움이 된다.

농사의 가장 큰 즐거움은 무엇보다도 비료, 농약, 제초제, 비닐멀칭과 거리를 두고 내손으로 직접 지은 작물의 수확물로 무언가를 만들어 먹는 일이 될 것이다. 텃밭에 주로 많이 심는 야채와 열매채소 및 뿌리채소를 중심으로 어떻게 먹을 수 있는지에 대해 살펴보았다. 더 많은 이야기가 많이 있지만 이 정도로 줄이려고 한다. 여러분들도 여러분만의 독특한 아이디어나 경험을 함께 나눈다면 농사 이야기가 더욱 풍성해질 수 있고 즐거움도 더욱 커질 것이다.

일곱째 마당

작물의 병충해 대책

1 작물에 발생하는 병의 원인과 대책

작물이 병에 걸리는 세 가지 이유

─────── 작물에 발생하는 질병에 대해 생각해보자. 작물에게 질병이 발생하는 이유는 크게 세 가지이다. 첫째는 병이 든 작물에게서 채취한 종자는 다시 그러한 질병을 발생시킬 수 있다. 따라서 종자를 채종할 때 건강하게 잘 자란 부분에서 조심스럽게 채종할 필요가 있다. 둘째는 땅이 병들어 있을 때 질병이 온다. 좋은 씨앗을 심었을지라도 땅이 건강하지 못하면 그 위에 자라는 작물은 질병에 걸릴 수밖에 없다. 토양을 건강하게 잘 관리하는 것이 질병 발생을 막는 가장 중요한 길이다. 세 번째는 나쁜 환경이 만들어졌을 때이다. 갑작스럽게 비가 많이 와서 두둑에 물이 고인다거나 반대로 오래도록 물을 제대로 공급하지 못해서 작물이 약해졌을 때 질병에 걸리게 된다. 그런 경우에는 농부가

나쁜 환경이 오래가지 않도록 신속하게 대처하여 건강하게 자랄 수 있는 좋은 환경을 만들어주어야 한다.

종자로부터 오는 병해와 대책

───── 배추, 양배추, 갓, 무, 순무와 같은 십자화과 채소의 종자에는 잘 관리하지 않으면 곰팡이균으로 탄저병균, 점무늬병균, 잘록병(입고병)균, 시들음병(위황병)균, 노균병균, 넝쿨쪼김병균 등 다양한 병균이 묻어 있을 가능성이 있다. 배나 배유에는 반점세균, 데뎅이병균 등이 들어 있을 수 있다. 이런 경우 처음부터 건강한 작물에서 채종한 건강한 종자를 씨앗으로 사용하는 것이 가장 좋다. 또한 건강한 종자일지라도 생명농업에서는 독한 소독약에 담그는 방법을 원하지 않고 건강한 씨앗을 골라내거나 나름의 씨앗을 활성화시키는 좋은 방법인 식물활성액에 담그는 방법을 사용한다.

우선 눈으로 보아 너무 작거나 건강해보이지 않는 씨앗을 가려낼 수 있으면 좋다. 체로 치거나 바람을 이용해서 키질을 하면 그런 씨앗을 골라낼 수 있다. 다음으로는 간장을 담을 때처럼 천일염으로 계란이 동동 뜰 정도의 소금물을 만들어 씨앗을 소독하면 된다. 이 때 튼실한 종자는 대체로 가라앉지만 불량 씨앗들은 위로 떠오르게 되니 그런 씨앗들을 걸러내면 된다. 볍씨 소독을 하는 경우에는 꼭 이런 방법을 쓰는 것이 좋다. 그런 후에 씨앗은 좋아할 수 있겠지만 병균은 별로 좋아하지 않을 활성발효액을 만들어 몇 시간 동안 담가두는 것이다. 소주와 막걸리, 식초와 식물발효액, 말린 쑥 우린 물 등을 적절하게 잘 섞어서 30~50배액으로 만들어 파종할 씨앗을 2~4시간 정도 담갔다 파종하는 방법이다. 웬만한 병균은 이런 침종액으로 퇴치할 수 있다. 그렇게 침종을 하고나면 씨앗은 싹을 틔울 심리적 준비를 하게 되고 자신의 배아에 있는 영양에 더해 좋은 영양물질을 빨아들여 건강하게 잘 자랄 수 있게 된다. 침종에 사용했던 침종액은 씨앗을 심고 그 위에 뿌려주어도 된다.

토양으로부터 오는 병해와 대책

———— 토양이 건강하지 못할 때 질병이 온다. 사람도 그렇듯이 작물이 어릴 때는 대부분의 질병에 아주 취약하다. 본밭에 바로 씨앗을 심거나 모종을 본밭으로 옮겼을 때 두둑의 토양이 건강하면 작물이 건강하게 잘 자라지만 별도로 모종을 키울 경우에는 모종 키우기에 사용하는 흙을 조심해서 준비하는 것이 좋다. 그래서 지금은 많은 농부들이 종묘상에서 판매하는 상토전용 흙을 사다 쓰지만 우리의 옛 농부들은 한 번도 사용하지 않았던 산흙을 사용했던 것이다. 그래서 봄에 농촌 마을을 지나가다보면 농부들이 산흙을 파오느라 산자락 곳곳이 약간씩 파헤쳐져 있는 모습을 많이 볼 수 있었다. 주변에 산이 없으면 오래 물에 잠겨 있던 논흙을 퍼다 쓰는 것도 한 방법이었다.

본밭에 질소질이 과다한 가축분뇨 퇴비를 사용하거나 완숙되지 못한 퇴비를 사용한 경우에도 다양한 질병이 올 수 있다. 누누이 강조해온 바이지만 충분히 완숙한 퇴비를 잘 만들어 사용하는 것이 좋다. 그리고 퇴비를 만들 때 질소질 성분은 20~30% 이상을 넣어서는 안 된다. 가장 많은 성분이 식물성 잔재인 탄소질일 경우에는 별로 문제를 일으키지 않는다. 땅을 가장 건강하게 잘 만들어 가는 방법은 숲이 하는 것처럼 낙엽으로 두둑을 충분히 멀칭한 후에 오줌을 뿌려주기도 하고 충분히 완숙 발효된 퇴비를 웃거름으로 시용한다면 전혀 문제될 것이 없을 것이다. 관행농법에서는 토양에 병이 있을 때에는 토양을 전체적으로 걷어내고 새 흙으로 갈아주거나 토양소독을 실시해서 토양 속의 병뿐만 아니라 모든 미생물과 생명체들을 죽이는 방법을 사용한다. 그러나 생명농업에서는 토양 속에 좋은 미생물들이 많이 살아갈수록 땅은 건강해지고 그 위에서 자라는 작물도 건강해질 수 있다고 생각한다.

재배과정에서의 나쁜 환경으로부터 오는 병해

——— 작물이 질병에 걸리는 세 번째의 경우는 재배과정에서 오는 나쁜 환경조건 때문이다. 고추 탄저병이나 역병 같은 것이 대표적이다. 장마철에 갑작스럽게 비가 너무 많이 내려 골이나 두둑까지 물이 차 있을 경우에는 작물의 뿌리가 숨을 잘 쉴 수 없게 된다. 뿌리가 건강해지지 못하니 각종 질병이 오게 되는 것이다. 그럴 경우에는 신속하게 대처해서 불량한 배수상황을 개선해

주어야 한다. 그리고 습해가 우려되면 잎에다 붉은 고추와 마늘과 생강을 찧어 만든 강장제를 속히 한두 차례 뿌려주는 것이 좋다. 또한 습해와는 반대로 가뭄 기간에 충분한 물을 잘 공급해주지 못했을 때 작물이 목말라하며 약해졌을 때도 주변 토양이나 공기로부터 전해져온 병에 걸리기 쉽다. 하여간 농부는 자연환경이 어려워질 때 수시로 작물의 생활환경을 잘 살펴 다시 건강한 생활환경이 되도록 재빨리 돌보아주는 것이 병을 막는 최선의 길이 될 것이다.

작물에 오는 병의 종류

───── 지금까지 살펴본 것으로 작물에게 위협이 되는 병에 대한 기본적인 이해를 했을 것이다. 작물에 질병이 왔을 때 질병에 대처하는 생명농업적 방식은 천연약제를 만들어 살포하는 방법도 있는데 그에 대해서는 다음에서 자세히 다루게 될 것이다. 일반적으로 생명농업 농부들은 질병이 오더라도 작물 스스로 이겨낼 수 있는 힘이 있다고 생각하여 질병을 대수롭지 않게 여기는 편이다. 그렇지만 각 작물들에 오는 병이 어떤 종류인지 그 병명이라도 알아두면 좋을 것이라 생각하여 이름을 열거하니 참고하면 좋겠다.

십자화과 채소(배/양배추/갓/무/순무)에 나타나는 주요 병해

1) 노균병 2) 균핵병 3) 잘록병 4) 무름병(연부병) 5) 시들음병 6) 뿌리마름병 7) 밑둥썩음병 8) 바이러스병(모자이크병) 9) 무사마귀병(뿌리혹병) 10) 검은썩음병(흑부병)

11) 흰녹가루병 12) 검은무늬병(흑반병) 13) 흰무늬병(백반병) 14) 세균성 검은무늬병

(흑반세균병)

가지과 채소의 병해(고추/피망/파프리카/토마토/가지/감자)

1) 역병 2) 탄저병 3) 균핵병 4) 잎고병(잘록병) 5) 시들음병(위조병) 6) 풋마름병(청고병)

7) 잿빛곰팡이병(회색미병) 8) 잎곰팡이병(엽미병) 9) 겹둥근무늬병(윤문병) 10) 점무늬병

(반점병) 11) 세균성점무늬병(반점세균병) 12) 갈색무늬병 13) 배꼽썩음병 14) 무름병

(연부병) 15) 궤양병 16) 흰가루병(백분병) 17) 바이러스병(모자이크병/괴저병) 18) 데뎅

이병(창가병) 19) 둘레썩음병(윤부병) 20) 검은무늬썩음병(흑지병) 21) 흑각병

박과 채소의 병해(오이/참외/수박/호박/메론)

1) 역병 2) 탄저병 3) 균핵병 4) 잎고병(잘록병) 5) 바이러스병 6) 덩굴쪼김병(만할병)

7) 덩굴마름병(만고병) 8) 노균병 9) 흰가루병(백분병) 10) 검은별무늬병(흑성병) 11) 검

은점뿌리썩음병(흑점근부병) 12) 잿빛곰팡이병(회색미병) 13) 세균성모무늬병

백합과 채소의 병해(파/양파/마늘/달래/부추)

1) 무름병 2) 바이러스병(누런오갈병/모자이크병) 3) 푸른곰팡이병(저장병) 4) 노균병

5) 녹병 6) 잘록병(잎고병) 7) 검은무늬병(흑반병) 8) 흑색썩음균핵병(흑부균핵병) 9) 잿

빛곰팡이병(회색미병) 10) 시들음병(위황병/건부병)

토마토나 고추 탄저병의 원인과 대책

1) 탄저병 : 성숙기의 과실에 나타나는 작은 반점이나 둥근 병반 상태

2) 점차 담황색 내지 적황색의 포자덩어리로 커지다 전체 과실이 다 썩게 된다.

3) 원인 : 소독이 잘 안된 씨앗에서 발생/탄저병 균에 의한 번식(공기 전염)

4) 생육적온 범위 : 3~33℃/생육 적온 : 26~28℃

5) 고온 다습한 계절(6~9월)에 심하게 나타남/연작 땅에서 피해 심함

6) 질소질이 과다한 경우 더욱 확산

7) 대책 : 발생한 과실은 철저하게 수거해서 소각하거나 땅에 묻는다.

8) 허브주스+난각칼슘+바닷물을(500배액)10일 간격으로 2~3회 뿌려준다.

9) 장마철에 뿌리가 침수되지 않도록 배수가 잘되게 한다.

10) 낙엽 덮기를 잘 해주어 빗물에 흙이 튀어 오르지 않게 해준다.

11) 비가림 재배도 좋은 방법

토마토 열과의 원인과 대책

1) 열과 : 토마토가 갈라 터지는 현상

2) 원인 : 영양부족/뿌리 뻗음이 약할 때/온도나 수분의 급변시에 옴

3) 주로 건조기가 지난 뒤 비가 한꺼번에 많이 온 후에 발생

4) 대책 : 바닷물(30배액)+식물발효액(500배액)+허브주스(500배액)+쌀뜨물 발효액

(500배액)+난각칼슘 살포 2~3회

2 작물에 발생하는 해충의 원인과 대책

해충에 대한 관행농업적 대응

──── 병은 주로 토양에서 오고, 해충은 공기를 통해 온다. 바람을 타고 오기도 하고, 다른 농장들에서 열심히 농약을 쳐대니 어쩔 수 없이 생명을 지키러 살아남기 위해서라도 농약을 치지 않는 생명농업 농장으로 왔을 것이다. 일반 농가에서는 그렇게 살려고 찾아온 곤충들에게 해충이라는 이름을 붙이고는 열심히 살충제를 뿌려댄다. 그렇게 뿌리는 화학 살충제는 해충만 죽이는 것이 아니라 본래 그 땅에 살고 있던 유익한 곤충과 미생물들까지도 다 죽여 버린다. 농약의 독성이란 어떤 생명이든 가차없이 다 죽이고, 그 살충제를 맞은 작물에게도 잔류농약으로 남게 된다. 농약은 저독성, 고독성, 맹독성으로 나눠지는데 독성이 심한 것은 농약을 뿌리는 농민의 건강에도 심각한 위협이 되기도

한다. 매년 농약중독으로 병을 얻거나 죽어간 농부들이 수없이 많다(세계에서 매년 몇 십만 명이 죽어간다고 한다). 독한 살충제에도 살아남는 곤충들은 농약에 더 강해지게 되니 다음에는 더 강한 농약을 뿌려야 해서 악순환이 계속 되풀이 된다. 게다가 땅속으로 스며든 살충제는 땅도 오염시키고 더 나아가서는 지하수를 오염시키기도 한다. 그야말로 지구촌의 많은 부분을 건강한 모습으로 남겨두지 못하고 몸살을 앓게 만드는 것이다.

해충에 대한 생명농업적 대응

——— 생명농업 농부는 해충들에 대해서도 다른 관점을 가진다. 우선 토양이 건강하고 작물이 튼튼하면 해충들이 급격하게 늘어나지 않는다는 걸 안다. 해충들도 자연의 한 부분으로 자신의 생명유지를 위해 필요한 양식을 구하러 온 생명들이다. 그들에게도 적대감을 가지기보다는 지구촌에 살아가는 한 생명으로 받아들여 사랑의 마음을 잃지 않는다. 그런 기본 바탕 위에서 몇 가지 대처 방안을 생각해볼 수 있다. 우선 자연이 건강한 생태계로 살아나게 되면 천적들이 나타나게 된다. 자연 생태계는 어느 한 생물이 급격하게 팽창해가는 것을 그냥 두지 않고 상생상극에 의해 새로운 천적들이 나타나 균형을 유지해가는 원리를 지니고 있다. 천적들에 대해서는 다음에 별도로 좀 더 자세히 다루게 될 것이다.

다음으로 작물을 건강하게 잘 키우면 작물 스스로 병과 충을 이길 수 있다. 토양이 산성화되어 있거나 인위적으로 제공해준 질소질이 과다하거나 작물의 체질이 산성이 되어 있으면 해충들이 그런 작물을 아주 좋아해서 많이 오게 된다. 그러나 땅과 작물관리를 잘해서 작물의 체질이 약알칼리성이 되면 바이러스가 들어와 살 수 없고, 해충들이 좋아하지 않게 된다. 다음으로는 해충을 바로 죽일 정도의 독성을 지닌 것이 아니라 해충들이 냄새나 성분을 싫어해서 다른 곳으로 피해가게 만드는 다양한 친환경 천연기피제를 뿌리는 방법도 있다. 다음 장에서 자세히 다루게 될 것이다. 다른 방법은 해충들이 좋아하는 액을 제조해서 일종의 해충 유인트랩에 넣어 농장 주변 곳곳에 걸어두는 방법도 있다. 그러면 많은 해충들이 작물보다 그런 유인액을 더 좋아해서 그곳으로 몰려가느라 작물이 피해를 벗어날 수 있게 된다.

채소에 많이 오는 해충들을 소개하니 이름이라도 알고 어떻게 생긴 것들인지 알고 있으면 농사에 많은 도움이 될 것이라 생각하여 아래에 적는다.

채소의 공통 해충

1) 응애류(잎응애류/긴털가루응애) 2) 총채벌레류(오이총채벌레/꽃노랑총채벌레) 3) 진딧물류(복숭아혹진딧물/목화진딧물) 4) 나방류(도둑나방/담배거세미나방/파밤나방) 5) 달팽이류(민달팽이/들민달팽이/명주달팽이) 6)기타(온실가루이/아메리카잎굴파리) 7) 거세미류

십자화과 채소의 충해(무/배추/양배추/갓/순무)

1) 나방류(배추좀나방/배추흰나비/배추순나방) 2) 진딧물류(무테두리진딧물/양배추가루진딧물) 3) 벌레류(벼룩잎벌레/무잎벌레) 4) 기타(무고자리파리/무잎벌)

가지과 채소의 충해(고추/피망/파프리카/토마토/가지/감자)

1) 나방류(담배나방/감자나방) 2) 진딧물(감자수염진딧물/조팝나무진딧물) 3) 벌레류(왕무당벌레붙이/방아벌레류/가지벼룩잎벌레) 4) 차먼지응애

박과 채소의 충해(오이/참외/수박/호박/메론)

1) 잎벌레류 2) 나방류(목화바둑명나방/작은각시들명나방) 3) 진딧물류(싸리수염진딧물) 4) 파리류(호박과실파리/작은뿌리파리) 5) 선충류(뿌리혹선충류/뿌리썩이선충류)

백합과 채소의 충해(파/양파/마늘/달래/부추)

1) 뿌리응애 2) 파리류(고자리파리/씨고자리파리/파굴파리) 3) 파총채벌레 4) 파좀나방 5) 마늘줄기선충

3 천적을 이용하는 농사법

천적 활용 농사법

─────── 해충을 퇴치하는 좋은 방법 중에는 천적을 이용하는 방법도 있다. 천적이란 특정한 다른 생물을 주요 먹거리로 삼는 압도적으로 우세한 생물을 말하는데 생태계 순환에 가장 중요한 존재 중 하나이다. 천적들이 존재하는 이유는 자연 속에는 필요를 채우는 다양한 생물들이 존재하는데 어느 한 생물의 번성을 다른 천적들이 제지하며 생태계가 왜곡되지 않게 유지해가는 기능이 필요하기 때문이다. 천적의 종류에는 먹잇감을 직접 공격하여 잡아먹는 거미와 같은 포식성 천적과 다른 생명체에 기생하여 그 숙주를 죽이는 기생벌이나 기생파리와 같은 기생성 천적이 있다. 천적을 농사에 이용하는 방법들이 많이 개발되어가고 있다. 요즘에는 천적을 생산하는 농가들도 생기고 있다. 천적을 키

위 해충들이 번성할 때 풀어놓아 퇴치하는 방법을 사용하는 것이다. 농부는 천적을 한꺼번에 얻을 수 있어서 좋고 천적을 키우는 농부는 수입이 되니 서로돕기가 되는 셈이다. 그러나 정말 좋은 생명농업에서는 생태계가 살아있는 현장으로 만들어서 천적이 공생하는 농장이 되게 만들어 가는 것이다.

먹이 사슬로 본 천적

———— 서로 연관을 맺고 있는 천적들이 어떤 것들인지 살펴보자. 작물을 키우다보면 정말 성가신 것 중 하나가 진딧물이다. 진딧물은 배추나 아욱, 참외와 수박 등 각종 야채와 사과나무 잎과 복숭아 잎 등 다양한 과일나무에 이르기까지 정말 다양하게 발생한다. 진딧물은 개미와 공생하며 이동에 도움을 받고 작물의 잎에 붙어 진을 빨아먹기 때문에 진딧물이 많이 붙은 잎은 죽음을 면치 못한다. 한두 잎에서 온 작물 전체로 번지다 결국은 작물의 생명이 끝나고 만다. 그런 진딧물의 천적이 바로 칠성무당벌레와 기생벌, 풀잠자리 유충과 넓적등애 유충 등이다. 생명농업을 할 경우 진딧물이 번성하기 시작하면 얼마 지나지 않아 천적들이 나타나는 것을 보면서 생태계가 살아있는 것이 어떤 것인지를 느끼며 감동에 젖는다.

벼를 키울 때 가장 문제되는 것이 논에 나는 잡초를 처리하는 일이다. 그래서 농부들은 논을 만들 때 한 번, 모내기를 한 후 7일째에 한 번, 벼의 일생 동안 최소한 두 번씩은 제초제를 치지만 생명농업에서는 물속 잡초의 천적으로 모내기 후 일주일쯤에 우렁이를 논에 넣어주면 된다. 그것들이 얼마나 물속 풀을 잘 먹어치워 주는지 잡초를 찾아보기가 어렵다. 오히려 수박껍질이나 풀을 잘라 더 넣어줘야 우렁이들이 번식을 잘 할 수 있을 정도이다. 관행농법에서는 벼이삭이 팰 때쯤이면 이화명충이나 멸구가 달려들어 벼이삭을 망쳐 놓곤 한다. 그럴 때 농약을 치지 않으면 정의의 전사 거미가 나타나 멸구나 이화명충을 열심히 잡아먹어 준다. 생명농법으로 벼를 키우다보면 사실은 멸구나 이화명충이 나타나기 전에 이미 거미가 벼와 벼 사이에 거미줄을 쳐 놓고 기다리고 있는 모습을 많이 발견할 수 있다. 그래서 벼농사를 망칠까 염려하지 않아도 된다.

다른 천적들도 살펴보자. 응애의 천적은 칠레 이리응애와 지중해 이리응애가 있고, 모기의 천적은 사마귀와 거미, 잠자리와 박쥐 등이다. 특히 박쥐는 하루에 모기 3000~6000마리 정도를 사냥하며 살아가는 대단한 모기의 천적이다. 쥐의 천적은 고양이, 개구리와 쥐의 천적은 뱀이다. 지렁이의 천적은 두더지와 새들이며, 곤충들의 천적은 새들이고 사슴과 엘크의 천적은 늑대, 멧돼지의 천적은 호랑이이다.

천적을 없애버리면 어떻게 될까?

———— 호랑이가 사라진 한반도에는 지금 천적이 없는 멧돼지들로 인해 대

단한 몸살을 앓고 있다. 잘 지어놓은 농작물을 다 먹어치우거나 작물이 자라고 있는 밭들을 엉망으로 만들어버려 농사에 피해를 주는 것이 아니다. 숲을 사라지게 만들고 호랑이를 잡아 없앤 우리 조상들과 일본인들의 업보를 지금 농민들이 대부분 짊어지고 살아가는 중이다. 늑대가 사라진 숲에서 늘어난 고라니들이 농사철이 되어 심어 놓은 각종 모종들을 다 먹어치워 한 해 농사를 포기하는 농민들이 생겨날 정도이다.

미국의 옐로스톤 국립공원에서의 일이었다. 1800~1900년 초반까지 옐로스톤 국립공원의 최상위 포식자는 늑대였다. 그러나 총기와 독극물로 늑대를 잡아다 파는 사람들로 인해서 1926년 마지막 남은 늑대의 무리가 사라지게 되었다. 사람과 가축을 공격한다는 이유와 늑대의 모피를 팔기 위해서 사람들이 벌인 일이었다. 늑대가 사라지면서 늑대의 주요 먹잇감이었던 사슴과 엘크 등이 천적이 사라지니 크게 번성했고 생태계는 변하기 시작했다. 사슴과 엘크는 겨울철 먹이가 부족한 시기에 식물의 새싹과 어린 나무와 뿌리와 줄기 등 닥치는 대로 먹어치우게 되니 새들도 줄어들고 작은 풀들을 먹이로 이용하던 설치류 등 많은 작은 동물들도 사라지며 생태계가 몸살을 앓아가기 시작했다. 마침내 숲조차 파괴되어가는 결과를 가져왔다. 그리하여 문제의 심각성을 인지하고 1995~1996년 다시 늑대를 복원하기 시작하면서 옐로스톤 국립공원의 동식물계가 다시 회복을 하기 시작했던 것이다. 이처럼 어떤 천적이 사라진 세계는 심각한 위기를 겪을 수 있다.

모든 다른 생명체의 천적은?

──── 그렇다면 모든 다른 생물의 천적은 누구일까? 바로 사람이다. 사람으로 인해 이 세상에서 행복하고 즐겁게 살아가야 할 생명체들이 수없이 사라지고 있다. 이 땅 생명체들과 공생하며 살아가는 사람들이 되면 좋겠다. 생명농업은 그래서 더욱 의미 있는 농업의 방법이 될 것이다. 생명농업을 통해 생물종 다양성이 회복이 될 수 있고, 주변 생태계가 살아날 수 있을 것이다. 그런 점에서 생명농업은 곧 지구촌의 가장 큰 희망 중 하나가 될 것이다.

4   친환경 생물약제의
종류와 효능

농사를 하다 보면 다양한 상황을 경험하게 된다. 작물을 키우다 보면 건강하게
잘 자라는 것들도 있고, 영양이 부족해 잎에 황백화 현상이 나타나거나 허약하
게 자라는 모습도 있고, 때로는 병이 들기도 하고, 진딧물이나 잎을 갉아먹는
해충들이 발생하기도 한다. 그럴 경우에 어떻게 대처하는 것이 좋을지를 생각
해보자.

친환경 약제의 종류

————— 친환경 약제는 크게 세 종류로 구분할 수 있다. 작물을 재배할 때 허
약한 작물을 건강하게 키울 수 있는 데 도움이 되는 약제(친환경 영양제)와 건강

한 작물을 더 건강하게 성장할 수 있도록 돕는 약제(강장제), 작물에 찾아오는 병과 해충들이 싫어서 떠나가도록 만드는 약제(기피제)가 있다.

친환경 영양제

─────── 친환경 영양제가 될 수 있는 것들은 우리 주변에 너무도 많다. 모든 식물의 뿌리와 줄기와 잎과 꽃과 열매가 다 영양제가 될 수 있다. 가령 배추를 키운다면 배추 속에 배추를 위한 영양이 가장 많은 편이다. 그래서 배추를 다 듬고 남은 찌꺼기를 2~3일 말린 후 용기에 넣고 원재료의 3~5배 정도 되는 물에 12~24시간 정도 우려낸 뒤 그것을 배추나 다른 작물 주변에 뿌려주어도 좋고, 그것을 100배로 희석해서 분무기로 작물의 잎에다 뿌려주면(엽면살포) 작물에게는 좋은 영양제가 될 수 있다.

각종 과일 껍질들(사과/배/귤 등)이나 길거리에 보이는 각종 풀잎들(민들레/애기똥풀/명아주 등)도 그렇게 잘라서 같은 방식으로 우려내서 작물에 주어도 된다. 밥을 하거나 조리를 할 때 나오는 쌀뜨물이나 야채 씻은 물을 하수구로 그냥 흘려보내지 말고 베란다에 있는 작물들에게 주어보면 작물들이 정말 좋아하는 것을 볼 수 있다. 작물들은 수돗물을 그냥 받아서 주는 것보다 무언가 영양성분이 조금이라도 들어 있는 것을 훨씬 더 좋아한다는 사실을 기억하고 집에서 나오는 각종 음식물 쓰레기들을 잘 활용하면 좋겠다.

친환경 영양제 종류 Natural Nutritional Supplements

1) 농업부산물 : 볏짚, 볏겨, 옥수숫대, 밀짚, 보릿짚, 들깻잎, 감자 잎줄기, 오이, 호박 덩굴, 고추, 토마토잎, 담뱃잎, 가지 잎, 가지 줄기

2) 나뭇잎 : 떡갈나무, 소나무, 아카시나무, 분비나무, 가문비나무, 은행나무, 버드 나무, 미루나무, 버즘나무 등

3) 과일나무잎 : 사과나무, 배나무, 살구나무, 복사나무, 매실나무

4) 약초류 : 쑥, 할미꽃 뿌리, 창포뿌리, 구릿대뿌리, 반하뿌리. 현호색 알뿌리, 족두리 뿌리

5) 각종 풀 : 쑥, 너삼, 애기똥풀, 명아주, 한삼덩굴

6) 꽃 : 제충국, 들국화, 아카시꽃, 회화나무꽃

7) 열매 : 매실, 멀구슬, 은행알

8) 씨 : 독말풀씨. 다릅나무씨, 대추씨, 호박씨

9) 껍질 원료 : 다릅나무껍질, 가막살나무, 노박덩굴, 귤껍질

10) 나뭇진 원료 : 송진, 가문비나무 진, 잣나무 진

11) 쌀뜨물, 각종 야채 씻은 물

12) 식물천연발효액 Natural Plants extract Juice

친환경 강장제 Natural Tonic Medicine for Plants

――― 다음으로는 강장제가 될 수 있는 것들에 대해 살펴보자. 막걸리나 소

주, 위스키 등 버리는 술이 생긴다면 그런 것들을 모으고, 유효기간이 지난 각종 드링크제도 모아서 뿌리 근처에 줄 때는 100배액으로 희석하고 엽면살포를 할 때는 300배액으로 희석시켜 주면 된다. 생선뼈나 조개껍질, 소고기, 돼지고기 등의 뼈도 말려서 우려내어 사용할 수 있다. 현미식초 1리터에 계란껍질 다섯 개 정도를 일주일 정도 넣어두면 계란껍질이 다 녹아서 난각칼슘제가 된다. 미네랄의 보고인 바닷물이 근처에 있다면 30배 정도로 희석시켜 사용해도 좋다. 물을 받아두는 용기에 길거리에 널려 있는 각종 다양한 종류의 돌멩이를 넣어두어 돌을 우린 물을 작물에게 주면 각종 미네랄이 들어 있어 작물은 대단히 좋아한다.

1) 막걸리/소주(1:300∼1000)

2) 허브 주스(생강+마늘+붉은 고추 찧어 우린 물)(1:300∼1000)

3) 동물성 뼈/조개껍질 우린 물(1:300∼1000)

4) 난각칼슘(식초+계란껍질)(300∼1000)

5) 각종 드링크제(1:300∼1000)

6) 바닷물(1:30정도)

7) 종합영양제(각종 동물 똥/오줌/각종 동물사체/생선찌꺼기/동물내장)−작물에서 20cm 정도 떨어진 곳에 주기(1:100)

8) 각종 돌 우린 물(1:300)

9) 발효 유산균(쌀뜨물+우유)(1:300∼1000)

친환경 기피제 Natural Repellent Medicine for Plants

──────── 마지막으로 친환경 기피제를 살펴보자. 가을철이면 많이 주울 수 있는 천대받는 은행알을 100개 정도 모아서 4리터 들이 용기에 넣고 잘 씻어서 기피제로 쓸 수 있다. 은행알도 얻고 기피제도 얻어서 병충해 퇴치에 도움이 되니 일석이조이다. 담뱃잎이나 담배꽁초 우린 물도 기피제로 좋다. 미국자리공 잎과 뿌리, 할미꽃 뿌리, 민들레 잎과 뿌리 등을 우려내서 사용해도 된다. 나무를 태워서 얻을 수 있는 목초액도 중요한 기피제 중의 하나이다. 이러한 기피제들도 보통 100배액 내지 300배액으로 희석시켜 사용하면 된다.

1) 은행알 우린 물

2) 미국자리공 잎과 뿌리/할미꽃 뿌리/민들레 잎과 뿌리

3) 목초액(병충해가 왔을 때 주로 사용)

4) 담뱃잎 혹은 담배꽁초 우린 물(병충해 때 사용)

친환경 약제 사용방법

──────── 친환경 약제를 사용하는 방법은 뿌리 근처에 주어 작물의 뿌리가 흡수하게 하는 방법과 잎에다 뿌려주는 엽면살포 방식이 있다. 영양제와 강장제는 양쪽 다 사용이 가능하지만 기피제는 대체로 엽면살포를 하는 것이 좋다.

뿌리로 줄 때는 희석배수가 30~100배액 정도가 좋고, 엽면살포를 할 때는 200~1000배액으로 희석해서 살포하는 것이 좋다. 희석배수는 어린 작물일수록 1000배액 정도로 아주 연하게 주는 것이 좋고 중간크기나 큰 작물일수록 점차 배수를 낮추어 200배액까지 내리면 된다. 엽면살포 주기는 일주일에 한 번씩 3~5회 정도 해주면 좋다. 작물의 상태를 잘 진단해서 영양제와 강장제와 기피제를 잘 사용한다면 건강한 작물 키우기에 많은 도움이 될 것이다.

텃밭 경작을 함께하는 이들과 같이 작물에 필요한 영양제와 강장제와 기피제를 직접 만들어보고, 그것을 작물에 주었을 때 어떤 변화가 오는지 관찰하여 일지를 작성하고 동영상으로 촬영해서 학습자료로 활용하는 것도 좋을 것이다.

작물의 영양생장기에 좋은 약제 Medicine for Growth Period

1) 질소질이 풍부한 퇴비

2) 식물 종합영양제

3) 오줌 발효액

4) 각종 식물발효액

5) 쌀뜨물 발효액

6) 생선 아미노산 발효액

교대기에 좋은 약제 Medicine for Changing Period

1) 바닷물

2) 각종 돌 우린 물

3) 각종 식물 우린 물

4) 각종 식물발효액

5) 쌀뜨물 발효액

생식생장기에 좋은 약제Medicine for Reproductive Growth Period

1) 바닷물

2) 쌀뜨물 발효액

3) 난각칼슘

4) 천연 인산칼슘

5 친환경 생물약제의 원료와 특성

친환경 생물약제의 작용

──── 친환경 생물약제는 식물 가운데 살충, 살균, 살초 작용이 있고 식물의 생장을 조절하며, 비료작용을 하는 성분을 추출하여 만든 약제를 말한다. 친환경 생물약제의 작용은 살충제 작용, 살균제 작용, 살초제 작용, 생장 자극제 작용(생장조절, 증산조절, 영양조절 등), 영양 성분 작용(활성액비), 농작물 보호 작용 등을 한다.

친환경 생물약제의 원료

──────── 친환경 생물약제의 원료가 되는 것은 정말 많다. 자연에서 보이는 대부분의 것들이 친환경 생물약제의 원료가 된다고 볼 수 있다. 1) 농업부산물 : 볏짚, 볏겨, 옥수숫대, 밀짚, 보릿짚, 들깻잎, 감자 잎줄기, 오이. 호박덩굴, 고추, 토마토잎, 담뱃잎, 가지 잎, 가지 줄기 등, 2) 나뭇잎 : 떡갈나무, 소나무, 아카시나무, 분비나무, 가문비나무, 은행나무, 버드나무, 미루나무, 버즘나무 등, 3) 과일나무 잎 : 사과나무, 배나무, 살구나무, 복사나무, 매실나무 등, 4) 약초류 : 쑥, 할미꽃 뿌리, 창포뿌리, 구릿대뿌리, 반하뿌리. 현호색 알뿌리, 족두리 뿌리, 회화나무꽃 등, 5) 각종 풀 : 쑥, 너삼, 애기똥풀 등, 6) 꽃 : 제충국, 들국화, 아카시꽃 등, 7) 열매 : 매실, 멀구슬, 은행알 등, 8) 씨 : 독말풀씨, 다릅나무씨 등, 9) 껍질 원료 : 다릅나무껍질, 가막살나무, 노박덩굴, 귤껍질 등, 10) 나뭇진 원료 : 송진, 가문비나무 진, 잣나무 진 등, 11) 기타 : 오줌, 막걸리, 소주, 드링크제, 한약재 등

친환경 생물약제의 특성

──────── 일반 농약은 농약회사에서 제조하여 농약방에서 구입할 수밖에 없는 것이지만 친환경 생물약제는 생명농업 농부가 스스로 쉽게 만들 수 있는 특성이 있다. 1) 원료가 풍부하고 주변에서 쉽게 구할 수 있으며, 2) 생산 원가가

적게 들고 손쉽게 만들 수 있고, 3) 사용방법이 간단하고, 4) 화학농약 성분에 비해 독성은 약하나 인체에 무해하고, 5) 대신에 약효가 길며(10~12일), 6) 효과가 천천히 나타난다(병해충의 섭식활동 저하, 발육 억제, 생식활동 방해 등).

친환경 생물약제 속에 든 성분의 종류와 작용

1) 페놀성분 : 살충, 살균, 생장 조절, 잡초 억제

2) 실리신산 : 농작물 성장에 좋은 영향

3) 타닌성분 : 살충, 살균, 생장조절, 항산화작용, 수확량 증대

4) 트리아콘타놀 : 살충, 살균, 생장조절

5) 콜린 : 살충, 살균, 생장조절

6) 니코틴 : 살충작용, 해충의 섭식활동 저하

7) 수크로스 에스테르 : 실 진딧물, 사과응애, 흰 파리의 섭식과 산란 방해

친환경 생물약제 만드는 법(잎재료로 만드는 법)

1) 원재료는 꽃이 피는 시기에 채취하는 것이 좋다.

2) 원재료를 잘라서 햇볕에 하루 정도 말림(불순물이 있을 때는 물에 잘 헹궈 말린다)

3) 마른 원재료를 1~2cm 정도로 잘게 잘라준다. (그래야 잘 성분이 우러난다)

4) 유리 용기에 잘라놓은 마른 원재료를 넣는다.

5) 끓인 후 40도 정도로 식힌 물을 원재료 부피의 3~4배 정도 부어준다.

6) 20~30도 정도의 상온에서는 상온에 있던 물을 그대로 사용해도 좋다.

7) 물을 넣은 후 12~24시간 정도 우려낸다.

8) 원재료 찌꺼기가 들어가지 않게 잘 걸러 별도의 병에 보관한다.

친환경 생물약제의 사용

1) 씨앗 처리 :

- 씨앗에 묻어 있던 병원균 없애고 영양물질 보충 효과

- 씨앗 잠깨우기 효과로 빨리 발아 가능하고 뿌리 활착률 높아

- 불리한 환경 조건에 잘 견디는 힘이 생겨

- 보통 500배 희석액에 2~12시간 정도 담그기

- 마늘, 파, 소나무, 귀롱나무, 마가목 추출물 : 식물의 병 방재 효과

- 마늘, 파, 산마늘 추출물 : 옥수수 깜부기병 방재 효과

- 솔잎, 솔방울, 자작나무 껍질가루로 씨앗 처리 : 밀과 보리 깜부기병, 뿌리썩음병

  방제효과

2) 모판 처리

- 모를 튼튼히 키울 수 있고

- 병해충 피해 미리 방재 효과

- 모판에서 잎 1~1.5잎 때부터 500:1 희석액 뿌려주기

- 7~10일에 1회 정도씩 살포 가능

- 이앙/이식 전 뿌리를 300~500:1 희석액에 적셔서 심어도 좋다.

3) 본밭 작물 처리 :

- 밭에서 농작물이 자라는 생육기간 동안 7~10일 간격으로 10~16회 정도 사용
  가능

- 이슬이 묻어 있을 때 분무기로 뿌려주면 더욱 효과가 있다.

- 효과 : 이삭 팰 때, 열매 맺힐 때, 이앙/이식 후 활착할 때, 새싹 비료 줄 때 등

4) 수확 후 낟알 보관

- 감자, 당근 같은 채소 보관 때: 파, 마늘, 겨자, 생강, 마가목, 개박하, 쑥, 전나무,
  역삼 등을 같이 두면 병해충 방재 가능

배추벌레 퇴치법

1) 좋은 재료 : 민들레, 담뱃잎, 애기똥풀, 명아주, 쑥, 너삼, 상추잎, 은행알 등

2) 만드는 법 : 잎재료로 만드는 법과 동일

3) 사용방법

- 생물약제 원액을 분무기로 식물의 잎과 줄기에 살포해준다.

- 어린 작물(희석비율1:3)/중간크기(1:2)/큰 배추(1:1)는 원액을 그대로 뿌려도 된다.

- 7~10일에 1회씩 3~4회 뿌려주면 좋다.

6 　친환경 약제 만들기 실습

친환경 약제의 종류는 상당히 다양하다. 그 중에서 대표적인 몇 가지만 소개한다. 생명농업으로 농사짓는 몇 가정이 함께 만들어 공동으로 저장하거나 나누어서 사용하면 좋을 것이다.

친환경 영양제 만드는 법(잎재료로 만드는 법)

1) 원재료는 꽃이 피는 시기에 채취하는 것이 좋다(언제라도 된다).

2) 원재료를 잘라서 햇볕에 하루정도 말린다(불순물이 있을 때는 물에 잘 헹궈 말림)

3) 마른 원재료를 5~10cm 정도로 잘게 잘라주면 성분이 잘 우러난다.

4) 용기에 잘라놓은 마른 원재료를 넣는다.

5) 끓인 후 40도 정도로 식힌 물을 원재료 부피의 3~5배 정도 부어준다.

6) 20~35도 정도의 상온에서는 상온에 있던 물을 그대로 사용해도 좋다.

7) 물을 넣은 후 12~24시간 정도 우려낸다.

8) 원재료 찌꺼기가 들어가지 않게 잘 걸러 별도의 병에 보관한다.

9) 우린 물을 희석하여 엽면살포용으로 사용(우린물:물=1:200 정도)

천연 식물발효액 만들고 사용하기How to make and use Natural Plants extract Juice

1) 종류 : 백야초/쑥/명아주/매실/쇠비름

2) 원재료 : 황설탕=1:1(무게 비율)로 잘 섞어서 항아리에 담는다.

3) 20~35도 정도의 날씨에 20~30일 정도 빛이 잘 드는 곳에 둔다.

4) 설탕이 가라앉으므로 주 1~2회 정도 뒤섞어 준다(설탕이 다 녹아야 좋다).

5) 발효과정 후 원재료를 걸러내고 추출물만 그늘이나 지하실에 보관(상온유지).

6) 6개월 지난 후 식물발효액 : 물=1:5~6정도로 희석하여 음료수 대신 마실 수 있다.

7) 작물 영양제로 사용할 경우는 추출물을 걸러낸 후부터 바로 사용할 수 있다.

8) 희석비율 : 어린작물(발효액:물=1:1000)/중간작물(1:500)/큰 작물(1:300)

9) 주 1회 정도 꾸준히 사용하면 정말 맛있는 작물을 얻을 수 있다.

난각칼슘Organic Acids-Eggshell Calcium 만들기

1) 주둥이가 큰 통 1개에 현미식초 1L를 넣고 계란껍질 10개(말려서 잘게 부순 것)를
   넣어두면 식초성분으로 인해 계란껍질이 서서히 녹아 사라진다.

2) 5~7일 후에 사용 가능(1:300~1000배액으로 희석시켜 엽면살포)

3) 열매채소의 결실에 많은 도움

해충 유인기Insect Trap와 유인액Mixed Water for (Insect Trap)

1) 준비물 : 페트병(2L/6개)/가위나 칼/끈/지주대(6개)/유인액(막걸리+식물발효액 30 배액)

2) 만드는 법 : 페트병을 이용해 해충 유인기 만들기/유인액 만들기

3) 지주대를 이용해 밭의 가장자리에 걸어둘 것(해충들이 밭 안으로 들어오지 않게 할 것)

미네랄 액이나 바닷물

1) 다양한 돌을 모아 통 안에 넣고

2) 물을 부어 며칠간 우려낸다.

3) 특정 성분이 많이 함유된 돌이라면 그 성분을 중심으로 우려내어 사용할 수도 있다.

4) 바닷물 속에도 다양한 천연 미네랄이 들어있어 적절히 희석하여 사용 가능

5) 함초나 다시마 등 다양한 해조류를 넣고 우려내어 사용해도 좋다.

목초액

1) 장작을 때는 난로가 있다면 실외 연통 부분에 통을 설치

2) 더운 연기와 바깥의 찬 기운이 만나 만들어지는 액체를 받으면 목초액

3) 작물의 병충해에 따라 적절히 희석하여 사용

작물종합영양제

1) 뚜껑 있는 큰 플라스틱 통 1개

2) 오줌/똥/동물 사체/생선찌꺼기/곰탕 후의 뼈/조개껍질 등

3) 큰 통에 오줌을 절반 정도 채우고 다양한 재료들이 생기는 대로 다 그 속에 집어넣으면 된다.

4) 질소질과 인산질, 칼리질과 칼슘질, 생선아미노산 등이 녹아 있는 상당히 강력한 식물의 종합영양제가 될 수 있다. 2~3개월 후부터 국물을 떠내서 30~50배액으로 희석시켜 작물 주변에 부어주면 작물이 대단히 잘 성장해갈 수 있다.

쌀뜨물 발효액

1) 준비물 : 작은 항아리나 페트병(2L)/황설탕40g/식물발효액40cc/진한 쌀뜨물(1~2번째 씻은 물)1. 8L

2) 만드는 법 : 진한 쌀뜨물(1~2번째 씻은 물)을 항아리나 페트병에 담고 설탕을 한 스푼 정도(40g) 넣고 식물발효액을 40cc 가량 넣어주고 잘 섞어준다. 헝겊으로 입구를 덮어준 후 20~25℃ 정도의 실온에서 그늘에 7~10일 정도 두면 된다. 뚜껑을 덮어두면 가스가 발생하므로 면포로 덮어두는 것이 좋다.

3) 완성되면 청주처럼 향긋한 냄새가 나고, 시큼한 맛이 난다.

4) 주의사항 완성된 후 가능하면 10일 이내에 사용하는 것이 좋다. 먹이 부족으로 미생물이 줄어들고 발효액이 썩어갈 수 있다. 쌀뜨물이 나올 때마다 가끔씩 2L들이 병에 만들어 두면 여러 차례 사용할 수 있다.

5) 사용방법 : 음식물찌꺼기를 퇴비로 만들 때 30배액으로 만들어 골고루 뿌려주면 좋다. 50~100배액으로 만들어 세탁하기 전날 밤 빨랫감을 담가두면 유산균들이 때를 다 먹어치우기에 세제를 사용할 필요가 없다. 30배액으로 만들어 야채나 과일을 10분 정도 담가두면 잔류농약을 분해하고 살균효과를 낸다. 100배액으로 만

들어 화분이나 텃밭의 작물 주변에 뿌려주면 흙 속의 농약도 분해해주고, 작물의 영양으로도 좋다. 10배 정도 희석하여 집안 곳곳에 스프레이로 뿌려주면 해충이 사라지고 병균들도 몰아내는 효과가 있다. 30~50배액을 만들어 화장실이나 하수구에 가끔 부어주면 악취가 사라진다. 화장실 바닥 청소할 때도 좋다. 때가 잘 지워진다.

실습 후 소감나누기

몇 가지 종류의 친환경 약제를 만든 후 소감나누기를 해보면 좋겠다. 항상 어렵게만 생각되던 친환경 약제 만드는 일이 의외로 굉장히 쉽게 느껴질 수도 있을 것이다. 여러분의 농사에 많은 도움이 되기를 희망한다.

여덟째 마당

농업 경영의 길

1 한해의 연간 농사계획 세우기
(작물재배를 중심으로)

좋은 농부가 되자면 한 해의 농사가 시작되기 전 연간 농사계획을 잘 세우는 것이 필요하다. 작은 회사 하나를 운영하려고 해도 치밀한 계획이 필요한데 하물며 일종의 중소기업인 농장 하나를 잘 운영하자면 연간 농사계획은 필수적이다. 그렇다면 연간 농사계획을 어떻게 세우는 것이 좋을까?

연간 농사계획에 필요한 사항

———— 자신의 연간 농사계획을 수립하기 위해 고려해야 할 사항은 어떤 것들일까? 우선 작물의 재배 면적을 얼마나 크게 할 것인가를 생각해야 한다. 매년 해오던 일이라면 전년도에 비해 더 확대할 것인지 축소할 것인지 아니면 전

년도와 같은 면적으로 할 것인지를 정해야 한다. 다음으로는 어떤 작물을 얼마만큼 심을 것인지를 생각해야 한다. 심고 싶은 작물리스트를 만들면 좋을 것이다. 그중에서는 가정에서 자가소비를 할 것과 이웃과 나눔을 하기 위해 더 많이 심어야할 것들을 구별하는 것이 좋다. 씨앗으로 직접 심을 것과 모종을 키워 이식할 것도 구별해야 한다. 작물을 어디에 심을 것인지를 생각하는 작물배치도도 미리 그려두면 좋을 것이다. 그 다음은 농사에 필요한 준비물들을 체크하는 일이다. 농기구나 농사 보조재료들은 필요한 만큼 잘 준비되어 있는지 점검하고 모자라거나 보완해야할 것들의 목록도 만들어 두어야 한다. 그리고 월별 농사계획을 짜보는 것도 필요하다. 몇 월에 어떤 일을 해야 할 것인지 도표화시켜 놓으면 허둥대지 않고 그 달에 필요한 일들을 잘 해나갈 수 있을 것이다. 마지막으로 예산 계획도 수립할 필요가 있다. 연간 농사에 필요한 비용은 얼마나 될 것이며 그 돈은 어떻게 마련할 것인지, 예상 수입은 얼마나 될 것인지도 계획해보는 것이 필요하다.

월별 농사 계획

────── 한 해 농사를 잘 지어내기 위해서는 매월 어떤 일을 하면 좋을지를 잘 정리해보는 것이 필요할 것이다. 1월부터 12월까지 주로 해야 할 일들이 무엇인지 생명농업적 관점에서 정리해보는 것도 좋을 것이다.

1월에 주로 할 일

1) 한 해 농사 계획 세우기

2) 논밭 관리하기 : 두둑관리/배수로 관리/낙엽 덮기 보완/오줌물 주기

3) 월동 작물 살피기 : 마늘/양파/파/시금치/쪽파/딸기/천연초 등

4) 씨앗과 구근 챙기기 : 받아둔 씨앗/구입해야 할 씨앗/저장 중인 구근

2월에 필요한 일

1) 모종 키우기 : 2월 10일 경 고추씨 침종 후 모종상 만들고 관리하기

2) 농사 도구 점검 : 경작용/운반용/관수용/수확용/보관용

3) 논밭 관리하기 : 두둑관리/배수로 관리/낙엽 덮기 보완/오줌물 주기

4) 월동 작물 살피기 : 마늘/양파/파/시금치/쪽파/딸기/천연초 등

3월에 필요한 일

1) 두둑 관리 : 퇴비주기(겨울 동안 낙엽을 덮어주고 오줌물을 뿌려둔 상태에서 작물을 심기

   전 퇴비를 적당히 주면 영양이 충분할 수 있다)

2) 씨앗 파종 : 상추/얼갈이배추/배추/무/열무/쑥갓/홍화/부추/파/더덕/도라지/고수/

   봄당근/비트/완두콩/겨자채/방아/돼지감자/도라지/양배추

3) 모종 키우기 : 가지/토마토/오이/호박/단호박/여주/양배추/수세미/고구마

4) 구근 심기 : 감자/달리아/칸나/고구마 싹틔우기

5) 옮겨심기 : 미나리/딸기

4월에 필요한 일

1) 두둑관리 : 새로 파종할 두둑에 퇴비 주기

2) 씨앗파종 : 완두콩/동부/아욱/옥수수/방아/시금치

3) 모종 키우기 : 오이/호박/수박/참외/

4) 작물관리 : 천연영양제 살포

5) 수확 : 월동 쪽파/월동시금치/월동상추

5월에 필요한 일

1) 두둑관리 : 모종으로 심을 것들을 위한 퇴비 주기

2) 씨앗파종 : 잎들깨/참깨/우엉/수수

3) 모종 정식 : 고추/가지/토마토/양배추/

4) 구근 심기 : 생강

5) 작물관리 : 천연영양제 살포/쪽파 종구 수확

6) 수확하기 : 상추/겨자채/열무/알타리무/얼갈이배추/쑥갓/무/완두콩/방아잎/봄미

   나리/비트잎/대파

6월에 필요한 일

1) 두둑관리 : 모종으로 심을 것들을 위한 퇴비 주기/장마철 대비 배수구 정비

2) 씨앗파종 : 메주콩/청태/밤콩/선비콩/강낭콩/팥(검은팥/푸른팥/붉은팥)

3) 모종정식 : 오이/참외/수박/호박

4) 작물관리 : 지주대 세우기/곁순 자르기/영양제 쳐주기

5) 수확하기 : 밀/고추/가지/토마토/옥수수/감자/상추/배추/쑥갓/무/봄당근/방아잎/

비트뿌리/대파/자소엽/들깻잎/완두콩/시금치/마늘/양파/딸기

6) 채종하기 : 대파씨/겨자채씨/무/월동 시금치씨

7월에 필요한 일

1) 두둑관리 : 모종으로 심을 것들을 위한 퇴비 주기/장마철 대비 배수구 정비

2) 씨앗파종 : 청태/밤콩/선비콩/강낭콩/팥(검은팥/푸른팥/붉은팥)/가을옥수수/가을

당근/브로콜리

3) 모종상 만들기 : 가을 양배추/브로콜리

4) 작물관리 : 지주대 세우기/곁순 자르기/영양제 쳐주기

5) 수확하기 : 고추/가지/토마토/양배추/자소엽/들깻잎/상추/옥수수/딸기

6) 채종하기 : 겨자채/쑥갓/무/봄상추/아욱

8월에 필요한 일

1) 두둑관리 : 새로 파종할 두둑에 퇴비 주기

2) 씨앗파종 : 배추/무/가을상추/가을쑥갓/가을겨자채/열무/갓/시금치/아욱/대파

3) 모종상 만들기 : 배추

4) 작물관리 : 참깨 순지르기/양배추 정식/브로콜리 정식/가을미나리/쪽파구근 심기

5) 수확하기 : 고추/가지/토마토/부추/양배추/방아/자소엽/오이/참외/수박/호박/옥

수수/우엉

6) 채종하기 : 홍화씨/방아씨/무씨/비트씨

9월에 필요한 일

1) 두둑관리 : 새로 심을 것들을 위한 퇴비 주기

2) 씨앗파종 : 가을상추/가을쑥갓/가을겨자채/열무/갓/시금치/아욱

3) 작물관리 : 배추 벌레퇴치용 천연약제 살포

4) 수확하기 : 고추/가지/토마토/오이/참외/수박/호박/옥수수/우엉/수수/상추

5) 채종하기 : 참깨/쑥갓씨

10월에 필요한 일

1) 두둑관리 : 가을비 대비 배수로 관리/수확 끝난 작물 뒷정리

2) 씨앗파종 : 월동시금치/월동상추

3) 작물관리 : 마늘심기/양파심기/배추 영양제 살포

4) 수확하기 : 고추/가지/토마토/부추/도라지/김장무/김장배추/쑥갓/쪽파/열무/옥수수/생강/수수/메주콩/양배추/청태/밤콩/선비콩/강낭콩/팥(검은팥/푸른팥/붉은팥)/땅콩

5) 채종하기 : 해바라기씨/들깨/고추씨

11월에 필요한 일

1) 두둑관리 : 수확하며 두둑이 허물어지지 않게 조심하기

2) 작물관리 : 월동용 작물을 위해 낙엽 더 덮어주기/마른 가지대 잘라오기

3) 수확하기 : 김장배추/무/갓/생강/양배추/브로콜리/상추/쑥갓/열무/겨자채/미나리/시금치

4) 채종하기 : 아욱씨

12월에 필요한 일

1) 두둑관리 : 낙엽 덮어주기/오줌물 뿌려주기

2) 작물관리 : 월동용 작물들 살피고 돌보기

3) 한 해 농사 마무리

2　영농일지를 작성하는 농부

농업 경영에 필요한 사항

———— 좋은 농부가 되는 길 중에 하나는 농업 속에 좋은 의미의 경영개념을 도입하는 것이다. 농업이 중요한 삶이 되기보다 취미농 수준이라면 즐겁게 농사짓는 것으로 끝날 수 있겠지만 전업농으로 살아가야 하는 사람이라면 경영은 필수적이라 할 수 있다. 최소한의 경영에 필요한 요소들은 어떤 것일까? 우선 연간 농사계획을 세워야 한다. 농사 규모와 예상 생산 계획이 담겨져야 하고, 연간 예산 계획도 함께해야 한다. 월별 농사계획도 담겨야 하고, 나눔과 판로에 대한 계획도 들어가는 것이 좋다. 더 나아가 10년간의 장기 농업계획까지 수립하면 좋을 것이다.

영농일지를 작성하면 좋은 점

———— 농업 경영인으로서 연간 농사계획을 세운 농민이라면 당연히 따라와야 할 다음 단계가 필요하다. 그것은 자신의 연간 농사일지를 작성하는 일이 될 것이다. 자신의 농사를 사랑하고 더욱 발전시켜가기를 바라는 농민이라면 영농일지는 아주 좋은 연구학습의 토대가 될 것이다. 영농일지를 기록하면 여러 가지 좋은 점들이 많이 있다. 첫째 영농일지를 쓰면 연간 농사일정을 잘 이해할 수 있다. 자신의 농사 품목과 비용을 잘 이해할 수 있다. 영농일지는 한 해 농사의 경영수지를 확인할 수 있게 해줄 것이며, 다음 해 농사 계획을 세울 수 있는 중요한 기초자료가 될 수도 있다. 영농일지는 자신의 역사기록이 된다. 바른 농사와 함께하는 자신의 삶의 기록은 훗날 자신을 돌아볼 수 있는 자료가 될 뿐 아니라 다른 이들에게도 도움이 되는 좋은 자료가 될 수 있다.

영농일지 속에는 농부가 생산하는 작물에 대한 이력과 스토리가 담겨지게 될 것이다. 누가 생산했는지를 알 수 있는 스토리가 있는 건강한 작물은 그 생산물이 전해지게 될 소비자에게 확실한 신뢰감을 안겨주게 될 것이다. 이 과정은 소비자의 신뢰를 획득할 수 있는 확실한 근거가 될 수 있을 것이다. 무엇보다도 끊임없는 자기계발과 창의적 아이디어를 기반으로 지속적인 발전을 모색할 수 있을 것이다. 더 나아가 자신이 농사짓는 분야의 노하우가 축적될 수 있고, 전문가가 되고 강의자가 되어 다른 농부들을 돕는 자리에 설 수 있게 될 것이다. 또한 농부의 진실한 영농일지는 천재지변으로 인한 영농손실이 발생했을 때 정부나 지자체가 손실을 보상해주는 기초자료 역할도 한다. 또한 정부의 농업관련 사업선정 때 우선순위 배정의 근거자료가 될 수도 있다. 이처럼 영농일지를 쓰게 되면 많은 좋은 점들을 가지고 있으니 꼭 권장할 만한 일이다.

좋은 농사를 위해 기록이 필요한 사항

——— 농사를 하면서 기록해야 할 주요한 내용들은 다음과 같다. 필요한 내용을 대충 다 적어본 것인데 자신의 형편에 맞게 기록하고 싶은 만큼 일부분만 뽑아서 기록할 수도 있다.

1) 농장 기본현황(농장명/주소/경영주/영농시작년도/영농인원 등)

2) 토지보유 면적(자가 소유/임차지)

3) 재배 현황(작목/면적/수량 등)

4) 보유 농기구/농기계

5) 토양분석정보(토지/분석일자/분석정보)

6) 종자 보유 현황(기존 보유/자가 채종/나눔/구입)

7) 파종 일지(날짜/파종내용/수량)

8) 퇴비 생산 현황(퇴비장/생태화장실/자가 퇴비 제조/구입 현황)

9) 친환경 약제(영양제/강장제/기피제)

10) 잡초 관리(낙엽 덮기/풀 잘라 덮기/김매기)

11) 병충해 관리(날짜/피해증상/방제내용)

12) 수확 관리(날짜/수확내용/수량)

13) 출하 관리(날짜/출하내용/수량)

14) 경영비 관리(임차비/종자/종묘/퇴비/약제/농기구/노동비/기타비용)

15) 농작업 기록(날짜/날씨/주요 작업내용)

16) 연도별 중요 농사 역사 작성

영농일지 작성 요령

────── 영농일지를 작성할 때 나름대로 기록하는 요령이 있다. 가장 우선되는 것은 연간 농사 일정에 따다 월별, 절기별, 일별 농사관련 내용을 기록하는 것이다. 농사할 때의 날씨와 기후, 온도, 강우량 등이 기본이다. 그 후에 어떤 날 어떤 작업을 했는지, 작물은 어떻게 잘 자라고 있는지 등에 대해 기록하면 된다. 다음으로는 자신이 농사짓고 있는 품목별로 기록하는 것도 필요하다. 파종부터 돌보기에서 수확까지, 그리고 그 생산물을 누구와 나누었는지와 판매관련 기록도 좋다. 세 번째는 그런 농사의 과정에서 발생하는 재정기록을 하면 된다. 이때도 매월 발생하는 월별 재정과 품목별 재정을 나누어 기록해 두어도 좋을 것이다. 네 번째는 거래처와 소비자들과 연관단체와 관련된 관계들에 대한 기록도 필요하다. 다섯째는 종자관련 기록이다. 자가 채종한 종자와 나눔 행사를 통해 얻은 종자, 이미 보유하고 있던 종자와 구입한 종자 등에 대해 기

록하는 것이다. 농사를 하는 데 투입된 작업 내용과 실제 노동시간, 뒷정리와 운반에 걸린 시간 등 실제 노동시간에 관련된 기록을 해보는 것이다.

3   6차 산업으로서의 농업

6차 산업으로서의 농업이란?

───── 6차 산업적 농업이란 1차 농업생산과 2차 가공과 3차 유통을 융합한 개념이다. 농촌 융복합산업 육성 및 지원에 관한 법률에 근거하고 있다. 일반적으로 농업이라고 하면 작물을 재배하는 전통적 농업만을 생각하는 경우가 많은데 지금은 그 개념이 많이 확대되었다. 많은 선진국들에서는 농업에 종사하는 인구를 집계할 때도 땅을 경작하는 농민들뿐만 아니라 농민들이 생산한 농산물로 가공하는 회사와 그런 회사에 근무하는 사람들, 농산물을 운송하는 일에 종사하는 분들, 농산물을 유통하는 사람들까지 함께 계산을 한다. 더 나아가 농산물을 판매하는 점포와 그에 종사하는 이들까지 계산하면 농업에 대한 관점이 정말 새로워 질 수 있다.

1차 생산만으로도 대단히 중요한 일이지만 농부가 생산한 농산물이 일시에 다 나눠지거나 처리되기가 어려운 경우가 너무 많다. 그럴 경우 처리하지 못한 농산물은 오래 보관하기 어렵고 쉽게 상해버릴 수 있는 경우도 많다. 그럴 때 그것을 조금만 변형을 하거나 소금에 절이거나 다른 재료를 섞어 가공을 하게 되면 장기저장이 가능해진다. 좀 더 정교하게 발효식품으로 만들게 되면 그 때는 단순한 장기 저장성을 넘어서서 훨씬 더 맛과 영양까지 좋아지게 된다. 이처럼 가공을 한다는 것은 농사를 짓는 농민에게 대단히 유익하며 새로운 장을 여는 길이 된다. 1차 생산물이나 가공품이라고 하더라도 그것을 필요로 하는 사람들에게 전달하고 기쁘게 소비하는 과정까지 연결되지 않으면 소용이 없다. 그래서 운송과 유통과 판매 등이 농업에 있어서 중요한 역할을 맡게 되는 것이다. 이런 것들을 함께 생각하는 것이 바로 6차 산업으로서의 농업인 것이다.

1차 산업적 농업 생산물

——— 농민들이 생산할 수 있는 농산물 중에서 농업의 가장 기본이 되는 1차 생산물은 어떤 것들인지 생각해보자. 그 종류는 이 땅 농민들이 농사짓는 모든 작물이 대상이 될 것이지만 생명농업 농부들이 주로 관심 있게 농사하는 작물들을 중심으로 살펴보는 것이 좋겠다. 그 품들을 살펴보면 아래와 같다.

　　1) 곡식류 생산물 : 쌀/밀/보리/옥수수/조/수수/율무/귀리/메밀

2) 콩류 : 메주콩/완두콩/강낭콩/쥐눈이콩/작두콩/땅콩/울콩

3) 팥류 : 붉은팥/푸른팥/회색팥/검정팥/동부

4) 식량작물 : 감자/고구마/옥수수

5) 잎채소(상추/배추/양배추/케일/갓/유채/시금치/근대/들깨 등)

6) 열매채소(고추/가지/토마토/오이/호박/피망/딸기 등)

7) 뿌리채소(당근/무/알타리무/열무/마늘/양파/우엉/비트/돼지감자/생강 등)

8) 줄기채소(파/부추/쪽파/달래 등)

9) 꽃 종류(금송화/자운영/봉숭아/맨드라미/해바라기 등)

10) 과일나무(사과/배/복숭아/대추/포도/자두/앵두/체리/밤/오미자/귤/석류)

11) 허브나 약초(민트/바질/자스민/방풍/더덕/도라지/홍화/삼백초/천연초 등)

12) 임산물(산마늘/두릅/고사리/곤드레나물/머위/다래/산삼/버섯)

13) 소사육 생산물(소고기/우유/치즈/)

14) 양돈 생산물(돼지고기/돼지 새끼/햄/소시지/베이컨/육포)

15) 양계 생산물(닭고기/계란/병아리)

16) 오리 사육 생산물(오리고기/오리알)

17) 양봉 생산물(꿀/화분/프로폴리스/로얄젤리)

2차 산업적 가공품

───── 1차 생산물들로 가공할 수 있는 것들도 정말 많을 것이다. 같은 농산

물로 가공하더라도 1차 가공과 2차 가공을 거쳐 3차 가공까지 다양하게 이어질 수도 있다. 밀이 1차 농산물이라면 1차 가공으로 밀가루를 만들 수 있고, 밀가루로 칼국수나 빵을 만드는 것이 2차 가공이며, 칼국수를 음식으로 만들어내는 것이 3차 가공일 수 있다. 아래에 제시하는 것들도 일반적인 생각을 크게 벗어나지 않는다. 그러나 새로운 세대의 입맛과 건강을 생각하며 새롭게 만들어낼 수 있는 많은 아이템들도 가능할 것이다. 이 책을 읽는 농부 여러분의 톡톡 튀는 좋은 아이디어들이 더 좋은 가공과 발효식품의 탄생으로 이어지기를 고대한다.

1) 쌀 : 막걸리/와인/누룽지/밥/쌀강정/쌀과자/쌀가루/떡/한과/식초

2) 밀 : 밀가루/빵/국수/과자

3) 콩 : 메주/간장/된장/청국장/쌈장/콩기름/콩깻묵/두부/콩나물

4) 옥수수 : 옥수수 가루/올리고당/물엿/과자

5) 감자 : 전분/튀김/감자칩/과자

6) 고구마 : 맛탕/말랭이/고구마칩/고구마 전분

7) 땅콩 : 땅콩강정/땅콩가루

8) 당근 : 당근주스/당근가루

9) 토마토 : 토마토 주스/토마토숩/토마토피클/토마토잼

10) 삭힌 고추 : 고춧가루/고추장/쌈장

11) 호박 : 호박죽/호박엿/약재

12) 팥 : 단팥죽/팥양갱

13) 매실 : 매실 발효액/매실청/매실주

14) 쑥 : 쑥효소/쑥뜸/

15) 산야초 : 효소/절임

16) 산마늘 : 산마늘 장아찌

17) 오이 : 오이소박이/오이피클

18) 감 : 곶감/감식초

19) 사과 : 사과주스/사과잼/사과식초/사과말랭이

20) 딸기 : 딸기주스/딸기잼

21) 배추 : 배추김치/절임배추

22) 마늘 : 마늘절임/흑마늘

23) 들깨 : 들깻잎/절임/들기름/깻묵

24) 참깨 : 참기름/깻묵

3차 유통 및 판매

──── 1차 생산을 하는 농민의 입장에서 3차 유통과 관련된 생각을 해볼
필요가 있다. 지금의 유통구조는 대규모 마트나 유통회사에 점령당해 있는 상
황이지만 농민들이 스스로 협력하여 농민 생산자협동조합을 만들어서 유통과
판매를 함께 만들어나갈 수 있을 것이다. 우리는 대기업 유통에 못 당할 거라
고 지레 겁을 먹을 수 있지만 탄소발자국을 최소화하는 지역순환과 스토리를

공유하는 철저한 신뢰관계 위에서의 유통과 판매를 생각한다면 많은 길이 보일 것이다.

여러 해 전 스위스 농촌 2지역에서 거의 한 달을 보내며 스위스 농촌과 농민들의 삶과 가공과 유통에 대해 살펴본 적이 있다. 스위스 농촌 마을들마다 농민들은 대단한 신뢰와 유대관계를 형성하고 있었다. 10가정이 살아가는 축산이 중심이 된 마을들에서 1가정은 필히 마을에서 가공과 유통을 담당하고 있었다. 가공도 그 가정만의 힘으로 하는 것이 아니라 나머지 9가정들이 우유를 생산해서 가공하는 집에 납품하기도 하지만 가공식품에 대한 지분도 함께 가지고 있었다. 그 마을들에서 생산되는 1차 생산물들을 대도시나 다른 마을로 보내는 경우가 거의 없고 마을 자체에서 가공하는 방식이었다. 그래서 치즈를 생산하는 지역에서는 마을마다 독특한 치즈를 생산하다보니 마을 숫자와 같은 종류의 다양한 치즈상품이 나오고 있고 세계로 팔려나가는 모습을 보며 많은 감동을 받은 적이 있었다.

생산자 농민들이 서로 힘을 합쳐 협동조합을 만들고 해낼 수 있는 다양한 사업들이 있을 수 있다. 스위스처럼 마을 단위의 가공공장을 만들 수 있고, 마을이나 가까운 도시에 공동 판매장을 개설할 수 있을 것이며, 도시의 소비자단체들과 계약 재배 및 판매도 가능하고, 인터넷을 이용한 판매도 가능할 것이다. 또한 지역에 있는 공공급식소나 군대, 학교와 음식점이나 유통단체들에 정기적인 납품을 해도 좋을 것이다. 지역만의 특색 있는 음식점을 개설할 수도 있고,

농촌 일손돕기나 농사체험등과 관련된 문화관광 상품화도 가능할 것이다. 농업관련 교육 프로그램도 운영하고, 친환경 농업을 통한 힐링과 치유체험 현장도 만들어 갈수도 있다. 이처럼 조금만 생각해보면 할 수 있는 가능성이 많이 열린다. 지역이 서로 도와 서로 협력하게 되면 지역사회 전체가 활기차게 변화해갈 수 있을 것이다.

중요한 전망

──── 생명농업을 하는 농민들이 서로 힘을 합쳐 생산자 협동조합을 결성하고 도시의 소비자 네트워크(생협)와 협력할 수 있는 방안을 생각해보면 다음과 같은 것들이 있다.

1) 각자 특색을 지닌 개별 생산과 품앗이/공동 생산
2) 공동 농기계(트랙터/콤바인/지게차)/장비(컨베이어벨트/상자)
3) 공동 가공 시설(주스/방앗간/잼/메주/간장/된장/술/식초 등)
4) 공동 저장시설(저온 저장고/저장시설)
5) 공동 운송 수단(자동차/택배시스템)
6) 공동 매장(음식점/찻집/매장)

4   올바른 농업 정책

우리는 왜 농업정책에 관심을 가져야 하나?

─── 지구촌의 희망찬 미래를 위해 생명농업으로 올곧게 농사짓는 농부가 관심을 기울이며 영향력을 발휘해가야 하는 분야가 어디까지일까? 한 나라의 농업은 농부 몇 사람이 올곧게 농사를 잘 짓는다고 해서 되는 것이 아니라 국가의 정책으로 입안되어서 법적인 보호 아래 운영 관리해가야 하는 것이다. 현재 한국의 전 인구는 2018년 12월 1일 기준으로 농가는 102만1000가구이며, 농가 인구는 231만5000명으로 매년 2만 가구 이상(10만 명 정도)이 감소해가는 추세이다. 전 인구의 5%을 지키겠다고 했지만 그 선은 이미 무너진지 오래 되었고 지금은 4.5%로 떨어졌다. 게다가 65세 이상 인구가 48%로 절반 정도가 이미 은퇴해야 할 나이에 속해 있으니 농업에 희망을 가지기가 어려운 실정이다.

더구나 도시에서 젊은이들이 귀농을 하려고 해도 그 비용이 만만치 않다. 농사 지을 땅과 집을 마련해야 하고, 농업과 관련된 방법과 기술을 배우고 익혀야 하고, 자녀 교육에도 신경 써야 하는 등 정말 많은 비용이 들어간다. 어쩌면 도시에 살고 있는 것보다 더 많은 돈이 들 수도 있는 것이 한국에서 귀농하는 일이다. 농업과 농민에 대한 획기적인 정책의 변화가 오지 않는 한 한국농업에 희망을 걸기가 어려워 보인다. 이런 점들이 생명농업 농부가 정부의 농업정책에 관심을 가지는 이유이다.

희망 없는 한국 농촌의 현실

——— 나는 강의를 위해 서울에서 여수까지 기차를 타고 오르내리며 내 눈에 보이는 농촌을 열심히 바라보며 한국 농촌과 농업의 문제를 많이 생각해보았다. 우선 한국 농촌은 별로 특색이 보이지 않는다. 기차에서 보이는 양쪽 어디를 보아도 아! 저 마을 정도면 정말 살고 싶은 마을이라는 생각이 들지 않는다. 다음으로 왜 한국 농촌은 그리도 지저분한지 모르겠다. 농촌의 집들도 개성을 지녔거나 질서정연하게 지어지지도 않았다. 집 뒤꼍을 보면 너무 지저분하게 많은 것들이 무질서하게 널려 있다. 곳곳에 비닐하우스가 산재해 있고, 비닐하우스와 비닐멀칭했던 두둑에서 벗겨 놓은 폐비닐들이 바람에 펄럭이거나 쓰레기더미로 쌓여 있다. 곳곳에 빈집들이 유령의 집처럼 방치되어 있기도 하다. 그런 빈집들은 보는 이들로 하여금 눈살을 찌푸리게 만들고 마을의 질을

떨어뜨리는 역할을 한다. 사유재산이라고 손대지 못하는 것은 공익의 차원에서 보면 잘못된 법이다. 사람이 살고 있는 집일지라도 잔디를 잘 손질하지 않으면 벌금을 매기는 나라들처럼 빈집을 방치해두면 소유주에게 경고와 벌금을 매기는 제도를 만들어야 한다. 일정기간 내에 빈집을 다른 농민들에게 팔거나 처리하도록 하고, 처리하지 않으면 벌금을 매기고 처리하면 지원금을 주는 제도를 만들면 지금보다는 마을들이 한결 깨끗해질 것이다.

잘사는 나라나 못사는 나라들의 농촌을 많이 다녀본 나로선 우리나라만큼 지저분한 농촌을 본 적이 없을 정도이다. 잘사는 유럽이나 미국의 농촌을 가서 보아도 집과 주변 길목들이 참 깨끗하다는 인상을 많이 받았다. 인도와 아프리카의 농촌을 가서 보아도 경제적으로 못살기는 하지만 너무도 아름다워 그런 마을에서 살고 싶다는 생각이 든 적이 많았다. 도시민들의 눈으로 보기에 정말 아름다운 환경과 좋은 집들에 사는 농민들이 부러울 정도가 되어야 농촌으로 귀농이나 귀촌을 하고 싶은 사람들이 많아지지 그렇지 않으면 결코 귀농귀촌 인구가 많이 늘어나지 않을 것이다.

스위스의 농촌에서 한 달을 탐방해보면서 정말 아름다운 농촌들이어서 그런 곳에 살고 싶다는 생각을 많이 했었다. 농가 주택들이 그림처럼 아름다운데다 창문마다 예쁜 꽃들을 철따라 다르게 드리우는 것을 보니 어찌나 아름다운지 감탄을 할 정도였다. 집들은 대부분 큼직큼직한데 축사는 잘 보이지 않았다. 그런데도 그들의 초지에서는 소떼와 양떼들이 한가로이 풀을 뜯는 모습이 보였다. 그 비밀을 풀어보고 싶어 직접 여러 농가들을 방문해보고서야 이해가 갔다. 보통 3층으로 된 농부의 집이 큰 이유는 동물과 사람이 같은 집에 살기 때문이었다. 대체로 1층은 동물들이 사는 공간 겸 창고였다. 소 한 마리를 키우기 위해서는 1ha의 초지를 가져야만 허가를 해주기 때문에 소규모 가족농이 중심이 된 스위스의 농가에서 소를 20마리 이상 키우는 집을 보기가 어려울 정도였다. 2층의 절반은 사람들이 함께 모이는 거실 겸 다목적 공간이었고, 절반은 가축들에게 줄 사료 창고로 쓰이고 있었다. 3층이 본격적인 침실과 생활공간이었고, 아이들이 많건 적건 간에 지붕밑 방을 넣어서 아이들 방으로 쓰니 실제로는 4층집을 가지고 살아가고 있었던 것이다. 스위스인들이 꽃을 좋아하기 때문인 점도 있지만 꽃을 드리우게 하는 것은 관광객을 유치하기 위한 스위스 정부의 정책이었다. 의무적으로 꽃을 드리우지 않으면 벌금을 내야 하는 규정이 있었기 때문에 더 철저히 집과 주변을 아름답게 가꾸기 위해 노력했던 것이다. 그런데 벌금제도만 있는 것이 아니라 정부가 규정한 법을 잘 지키면 환경보전금 등의 명목으로 지원금을 주니 안하고 벌금을 내는 것보다 몇 배로 이익이니 안할 리가 없는 것이었다. 다음 꼭지에서 스위스가 어떤 농업철학과 정책을 가지고 있는지 상세히 소개할 것이다. 우리나라 농업정책이 본받아야 할 너무나 훌륭한 부분들을 많이 가지고 있는 편이다.

올바른 농업정책을 세우는 나라가 되려면

———— 농업정책이 없는 나라야 없겠지만 오늘 우리 한국의 현실을 보면 제대로 된 농업정책이 없다는 느낌이 확실히 들게 된다. 국가 농정의 목표가 불투명하게 보인다. 농업정책을 수립하는 기본 원칙과 방향이 나타나야 하는데 그런 철학과 원칙과 방향이 잘 보이지 않는다.

무엇보다도 올바른 농업정책은 농자천하지대본의 정신 위에 수립되어야 한다. 농업이야말로 우리가 살아가는 데 가장 소중한 근본이라는 생각이 온 국민의 가슴속에 새겨질 정도로 농업을 중시하는 풍조가 보여야 한다. 다음으로는 100년 앞을 내다보며 세우는 장기적 전망을 가진 계획이어야 한다. 눈앞의 문제점만을 해결하려드는 방식으로는 결코 농업에 얽힌 문제를 풀기 어렵다. 현재의 상황에 근거하여 10년 뒤로부터 30년 뒤, 50년 뒤, 70년 뒤, 100년 뒤의 한국 농업과 농촌이 어떤 모습이어야 하는 지에 대한 생각이 담긴 농업정책이 되어야 한다. 셋째로는 지구촌의 미래를 생각하는 친환경적 관점에서 농업정책이 수립되어야 한다. 앞으로는 지구촌의 미래를 생각하지 않고 먹고사는 문제나 이윤동기에만 얽매인 농업정책으로는 이 땅에서 살아남기 어려워질 것이다. 넷째로는 통일한국을 내다보는 농업정책을 수립해야 한다. 분단은 이제 마지막 단계에 이르렀다. 지금처럼 휴전선이 철벽 성으로 남아 있지 않을 것이다. 가장 가까운 우리의 이웃인 북녘 동포들과 그들의 경작지를 함께 생각하지 않는 농업정책은 바람직하지 않다. 마지막으로 농민이 주체가 되어 세우는 농업정책이 되어야 한다. 농사도 지어보지 않은 국회의원들이 세우는 농업정책이 아니라 최종적으로 국회의 결의를 거치기 전에 수많은 공청회와 토론을 거쳐서 농민의 관심과 의지가 가장 많이 담긴 정책을 수립해야 할 것이다.

농업정책이 담아내야 할 분야

1) 농업정책 수립의 철학과 가치관

2) 농업정책 수립의 방향

3) 현재의 상황과 문제점 분석

4) 농업인구 확대 방안

5) 농지 소유와 임대차 정책

6) 농민 건강

7) 농가 주택과 창고/저장고

8) 농업 기술과 방법

9) 종자

10) 퇴비와 비료 생산 및 사용법

11) 농기구와 농기계

12) 농산물 운송과 유통

13) 농산물 가격 정책

14) 농업 지원책

15) 농산물 수입과 수출

16) 귀농 귀촌 대책

17) 장기적인 농업개발 계획

농업과 관련된 스위스 일반 사항

───── 스위스는 자그마한 유럽의 한 나라이고 자연적인 환경이 농업에 그리 좋은 편이 아니지만 나라가 정책적으로 농업을 보호하고 아끼고 사랑하는 바람에 세계에서 가장 아름다운 국토환경과 농업환경을 가지고 있는 나라가 되었다.

스위스의 국토면적은 41,300km²로서 정말 자그마한 나라이다. 인구는 700만 명이며 그중에서 외국인이 100만 명 정도 된다. 농가 인구는 15만 명(52000가구)으로서 2% 남짓이지만, 농업 예산은 국가 예산의 6% 정도를 차지하고 있다. 농가 호당 경지면적은 20ha로서 독일 50ha, 영국 80ha, 미국 200ha 등과 비교하면 작은 면적이지만 평균경작면적 1.5ha인 우리나라와 비교하면 상당히 큰 편이다. 농지 총량(40만~45만ha)을 엄격하게 관리해서 더 이상 농지가 줄어들지 않도록 농지 보호정책을 쓰고 있다. 경자유전의 원칙에 따라 농지는 철저하게 농민만이 소유할 수 있게 했으며, 농지와 일반 지가의 차이를 40배 정도 나게 해서 농사를 짓고 싶은 사람이 땅값이 비싸서 농사를 짓지 못하는 일이 없도록 하고 있다. 낙농이 전체 농업생산의 70% 차지(우유와 치즈 생산)하고 있어서 낙농 중심의 국가이지만 식량안보 의식이 투철하여 2% 밖에 안 되는 농민이 전 국민 식량의 60%를 책임지도록 장려하고 있다. 농민에게는 철저한 상호의무를 준수하게 하는데 농민이 의무를 잘 준수하면 국가는 그에 따른 보상을 잘 해주는 관계를 유지하고 있다.

스위스 국가 농정의 목표

——— 스위스의 국가 농정의 목표는 첫째 지속가능한 농업이다. 대를 이어 농사를 지을 수 있도록 다음 세대 육성을 적극 지원하는 편이다. 다음으로는 식량의 안정적 공급에 힘쓰는 농업이다. 그래서 식량자급률을 60% 이상 유지해가고 있다. 셋째는 소규모 가족농 중심의 정책을 편다. 스위스 농가의 95% 정도가 소규모 가족농이다. 소규모 가족농만이 농업을 살리는 가장 중요한 길임을 천명한다. 넷째는 오로지 농민만이 농지 소유가 가능하게 하고 있다. 경자유전의 원칙에 따라 세계에서 가장 강력한 농지정책을 시행하고 있다. 다섯째는 친환경 유기농 육성에 힘쓴다. 그래서 유기농 재배면적이 전체 농지의

11%를 차지하고 있으며 점점 더 비중을 높여가고 있다.

스위스 농업 정책의 기조(헌법 104조)

─────── 스위스 농업정책의 기조는 헌법 104조에 잘 나타나 있다. 그 속에 담긴 내용을 살펴보면 다음과 같다. 1) 농가소득 안정, 2) 생태적 경관 보전, 3) 농식품 자급률 유지(식량안보), 4) 농업직불제, 5) 농업의 중요성에 대한 국민적 공감과 지원, 6) 직업으로서의 농업 인정(65세부터 농민연금 지급), 7) 농업의 다원적 기능 인정 등이다. 이런 항목들을 조금만 더 자세히 살펴보면 우리의 농업정책을 수립하는 데 많은 도움이 될 것이다.

농가소득 안정은 농가 소득이 안정되어야 농촌에서 살아갈 수 있을 것이니 정말 중요한 항목이다. 생태적 경관 보전에는 전 국토를 생태적으로 아름다운 경관으로 보전해가겠다는 강한 의지가 담겨 있다. 식량안보를 위해 농식품 자급률을 최소한 60% 이상 유지하고 앞으로 꾸준히 자급률을 높이겠다고 한다. 식량자급률이 25%에도 못 미치는 우리나라는 식량자급률을 끌어 올리겠다는 의지를 갖고 있지 않으니 참 우려되는 부분이다. 스위스는 수많은 농업직불제를 시행하고 있다. 농업직불제를 통해 농가소득이 확실하게 보장될 수 있는 길을 열어주고 있다. 농업의 중요성에 대한 전 국민적 공감대를 형성하고 있으며 농민만을 특별히 위해도 충분히 그럴 만한 이유와 필요성이 있다고 생각하는 국민이 대부분이다. 농업도 당당히 하나의 직업이다. 그래서 65세가 되면 농민연금을 받을 수 있다. 농업은 단순히 농산물을 생산해내는 역할만이 아니라 생물종 다양성을 지켜가는 일이나 자연경관을 아름답게 지켜가는 등 다양한 공익적 기능을 함께 가지는 것을 인정한다. 농부가 하는 농업의 다원적 기능이란 토양 및 수자원을 보호하는 일과 생물 다양성을 유지해 가는 일, 농촌지역의 분산적 정착에 효과가 있고, 농산물 생산을 통해 식량자급률을 유지해가는 기능 등을 말한다. 정말 농업을 바르게 보는 좋은 헌법인 것을 느끼게 된다.

스위스의 농업직불제에 대하여

——— 스위스는 헌법 104조를 기반으로 4년마다 새로운 농업법을 제정(2018~2021)하고 있다. 새로운 농업법 속에는 시대별로 달라지는 세계정세와 기후환경과 사회적 환경 등을 고려하여 새로운 조항들을 넣게 된다. 현재의 농업법 안에는 농업의 다원적 기능과 공익적 편익 제공 기능을 기본으로 하며, 일반 직불제와 생태 직불제를 함께 담아내고 있다. 현재 스위스에서는 농가소득 중 농업 직불금이 차지하는 비중이 50% 이상이나 된다. 그 말은 농사지어 얻을 수 있는 수입이 3000만 원이라면 직불금은 3000만 원이 더 된다는 말이다. 국가 전체의 직불제 예산은 3조1천억 원으로서 농가 호당 평균 6000만 원가량이 된다. 한 농민에게 지불되는 최대 직불금은 연간 1억1천만 원 정도가 된다. 그것을 분석해보면 개인에게는 최대 7800만 원까지 지불이 가능하며 배

우자와 부모님까지 합하면 1억1천만 원까지 받을 수 있게 되어 있다.

농업 직불금의 종류(총액 3조 1000억 원)

——— 그렇다면 어떤 종류의 농업 직불금 제도가 있는지 알아보자. 1) 식량안보 직불금(39%), 2) 경관 직불금(18%), 3) 전환 직불금(14%), 4) 생산체계 직불금(13.6%), 5) 생물다양성 직불금(11.2%), 6) 자원효율성 직불금(2.3%), 7) 경관개선 직불금(1.9%) 등이다.

식량안보 직불금을 예로 들어보자. 스위스의 농부가 자신의 농사에서 스위스 사람들의 주요한 식량작물에 해당하는 보리, 밀, 옥수수, 토마토, 사탕무를 1ha를 심으면 거기서 얻어지는 수입과는 상관없이 심었다는 사실만으로 900프랑(한화 100만 원 정도)을 지급받는다. 소 1마리를 사육하기 위해서는 1ha의 초지를 가지고 있어야 하는데 1ha에 초지를 조성하기만 하면 또 900프랑을 직불금으로 받을 수 있다. 더구나 초지를 조성할 땅이 경사지여서 불리한 조건이라면 직불금은 배가 된다. 그래서 경사지도 예쁘게 다듬어 초지를 만드는 것이다.

경지면적이 평균 20ha인 스위스에서 6만 평의 땅을 가진 소농민의 수입을 한번 계산해보자. 6만 평을 가진 농민이 소 20마리를 허가받아 초지를 조성하면 소 사료를 완전 자급할 수 있을 뿐만 아니라 직불금 2000만 원을 받을 수 있게 된다. 자기 땅에서 사료를 자급하며 소를 키우는 것은 생산비가 별로 들지 않는다. 그렇게 생산한 우유는 대기업에게 넘기지 않고 자신도 조합원으로 포함되어 있는 마을에서 가공을 맡은 농부의 집으로 넘겨 치즈로 가공 된다. 직불금과 우유 값과 가공으로부터 얻어지는 수익금까지 하면 크게 힘들이지 않고 안정적인 소득을 올리며 즐겁게 살아갈 수 있다. 게다가 20ha를 정말 아름답게 잘 가꾸었다는 평가를 받으면 경관 직불금을 또 2000만 원쯤 받을 수 있다. 6만 평에다 사료용 작물 이외에 한 번은 식량작물과 다양한 작물들을 심으면 식량직불금과 생물다양성 직불금도 탈 수 있는 길이 열린다. 안 쓰고 있던 땅을 잘 가꾸어 농사를 지으면 경관개선 지원금도 나온다. 약간 과장되게 말하자면 스위스 정부는 농민들에게 더 많은 직불금을 주고 싶어 안달이 난 나라라는 생각이 들 정도이다.

농업 직불금 지급을 위한 의무기준 사항

───── 대신에 농업직불금을 받는 농민들은 스스로 잘 지켜야 할 의무규정이 있다. 1) 동물복지를 실천해야 한다. 동물이 행복해질 수 있는 사육을 해야 한다. 그래서 우리와 같은 공장식 축산은 찾아보기 어렵다. 2) 농약이용을 제한당한다. 친환경 생태적 관점이 분명한 스위스는 농민들이 유기농이 아니라고 하더라도 엄격하게 농약을 최소화 해줄 것을 의무화하고 있다. 3) 4개 이상의 작물을 윤작해야 한다. 생물 다양성을 위해서 대규모 단작을 하는 것을 허락하

지 않는다. 물론 단작하는 농가도 있을 수 있고, 농약을 많이 뿌려대거나 공장식 축산을 할 수도 있다. 그런 자유는 있지만 그런 농민들은 직불금을 받을 수는 없다는 것이다. 4) 토양보호를 원칙으로 한다. 토양을 산성화 시키거나 표토가 유실되는 것을 방지하려는 것이다. 5) 질소와 인의 균형을 유지해야 한다. 자기의 농장에서 나오는 축분들도 자신의 초지에 과다하게 살포해서도 안 된다.

위와 같은 의무기준사항을 위반할 경우 농민은 직불금과 관련된 불이익을 감수해야 한다. 두 차례의 경고를 받은 후 3차 적발 시에는 6년 동안 해당 직불제 수혜를 박탈당한다. 그리고 이미 지불된 직불금 5년 치도 반환해야 한다. 이런 규정의 적용은 엄격하다. 이처럼 의무조항을 어겼을 경우 너무도 피해가 크기 때문에 누구도 의무조항을 위반하려 들지 않는다. 자신의 땅과 농사와 동물 사육을 친환경적으로 잘 실천하기만 하면 다양한 명목으로 직불금을 받을 수 있는데 공연히 위반해서 이미 받은 직불금 5년 치도 반환하고 앞으로 6년간 직불금을 받을 수 없다면 누가 그런 위험을 감수하겠는가. 정말 우리가 본받아야 할 제도가 아닐까?

농부 자격증 제도

——— 스위스에는 농부 자격증 제도가 있다. 내가 스위스 농촌을 탐방하며 지낼 때 자전거를 타고 한 마을을 지나가다 길가 마늘밭을 돌보고 있는 여성

이 있어서 잠시 멈추어 서서 말을 걸었다. "당신은 농부냐"하고 물었더니 정색
을 하며 아니라고 했다. 그래서 의아해하며 "저쪽에서 일하고 있는 사람은 당
신 남편인 것 같은데 그는 농부냐"고 했더니 그렇다고 했다. 궁금증이 생겨 그
차이가 뭐냐고 했더니 자신의 남편은 농부 자격증을 가진 농부고 자신은 농부
자격증이 없다고 했다. 그럼 당신의 직업은 뭐냐고 물으니 자신은 마을 환경을
돌보고 농부들이 친환경 농법으로 농사를 짓는지를 감시 감독하고 지도하는
공무원이라고 했다. 농부인 남편을 만나보니 정말 친절했고 당당했으며 농부
인 것에 자부심을 가지는 인물이었다. 그 후 만나본 많은 농부들도 자신이 농
부인 것을 자랑스럽게 생각하고 있었고 대단한 전문가여서 언제 어디서든 강
의가 가능한 사람들이라고 느꼈다.

스위스에서 농부가 되기 위해서는 철저한 교육과 엄격한 훈련을 거친 후 자격
증을 취득할 수 있다. 그래서 이론적 준비도 잘되어 있고, 충분한 현장 실습을
통해 이론과 실천의 준비가 되어서 농사를 실패하는 경우가 드물다. 몇 년에
한 번씩 주기적으로 검증을 받거나 재교육을 받으며 자신의 실력을 보완해간
다. 또한 농부는 자신이 국토경관의 보호자라는 자의식도 아주 투철한 모습이
었다. 그래서 농부 자격증을 가진 농부는 65세가 되면 그 이후의 삶을 충분히
보장받을 수 있는 노령연금을 당당하게 받을 수 있게 되는 것이다. 말하자면
스위스에서 농부는 자격증을 가진 당당한 직업인인 것이다. 별다른 노후의 보
장을 받지도 못하면서 65를 넘긴 이 땅의 농부들이 농업인구의 절반을 차지하
고 있는 우리의 현실이 안타깝기만 하다.

6   세계 농부 네트워크

농부는 혼자서만 살아가는 사람들이 아니다. 자기 자신이나 가족만을 위해 농사짓는 농부는 드물다. 더구나 생명농업 농부는 자신과 가족뿐만 아니라 건강한 먹거리 생산을 통해 이웃의 생명도 살리고, 지역사회도 살리고, 지구촌을 살리는 일에 참여하는 거룩한 정신과 의지를 가진 이들이다. 그래서 그런 일은 혼자가 아니라 뜻을 같이하는 이들과 함께 실천해나가는 것이 필요하다. 우리가 함께 협력하며 세계를 아름답고 건강하게 만들어가는 일에 어깨를 걸고 나갈 단체들은 어떤 것들이 있는지를 생각해보자.

국내 주요 농민 조직들

──── 한국 내에서 지구촌 살리기 운동에 함께할 단체들은 다음과 같다. 농민들의 전국 조직인 전국농민회, 전국여성농민회, 카톨릭 농민회, 기독교 농민회, 에코붓다, 바른 농사를 지향하는 정농회, 한국유기농업협회, 한국자연농협회, 생명역동농업회, 토종씨앗을 지키고 보급해가는 토종씨드림과 토종씨앗도서관협의회, 도시농업을 보급하고 확대해가는 전국도시농업시민협의회 등이 있다.

세계 주요 농민 조직들

──── 농업을 통한 지구촌 살리기 운동에 나서고 있는 세계적인 조직들도 많이 있다. 그 중에서 몇 개를 소개하니 함께 연대할 수 있는 길이 열리면 좋겠다.

1) WOOF World Wide Opportunities on Organic Farms : 유기농가와 자원봉사를 연결하는 세계적인 운동조직이다. 1971년 영국에서 시작되었는데 현재 세계 153개 국가의 유기농가 및 친환경적 삶을 추구하는 사람들의 조직으로 성장해가고 있다. 전 세계적으로는 하루 4~6시간 노동으로 숙식을 제공하는 호스트 농가가 12000곳 정도 되며, 그런 농가에서 직접 노동하며 체험하고 싶어 하는 봉사자인 우퍼가 15만 명 정도 된다. 그런 농가에서 봉사하기 위

해서는 사전에 미리 일정조율을 해야 하며, 보통 7일 이상 함께할 수 있어야 한다. 이런 조직을 활용하면 세계 곳곳의 좋은 농부들과 친해지며 저렴한 비용으로 세계를 여행할 수 있는 길이 되기도 한다.

2) IFOAM International Federation of Organic Agriculture Movements : 세계유기농연맹이다. 전 세계 116개국의 850여 단체가 가입한 세계 최대 규모의 유기농업 운동단체이다. 1972년 프랑스에서 창립되었으며 독일 본에 본부를 두고 있다. 유기농업의 원리에 바탕을 둔 생태적·사회적·경제적 유기농업 실천을 지향하며 유기농업의 기준 설정, 정보 제공 및 기술 보급, 국제 인증 기준과 인증기관 지정 등의 역할을 하고 있다. 국제유기농운동 지원을 주로 하며, 3년에 한 번씩 세계유기농대회를 개최한다. '유기농은 생명이다'를 주제로 2011년(9월 26일부터 10월 5일까지 10일간) 경기도 남양주 체육문화센터에서 세계유기농대회가 열린 적이 있다.

3) Via Campesina(세계소규모가족농협회) : 세계 8개 대륙의 81개국 182개 단체가 연합하여 중소규모 생산자 농민조직으로서 1993년에 설립했다. 중소규모 생산자와 농업노동자, 농촌 여성, 아시아, 아프리카, 아메리카와 유럽의 토착 농민 단체의 권익을 위해 일하는 국제 운동단체이다. 소규모 가족농 기반의 지속가능한 농업을 옹호하며, 식량주권을 위해 일하고 있다. 농부의 씨앗을 지키기 위한 캠페인과 여성에 대한 폭력을 막기 위한 캠페인, 농민의 권리를 인정하는 캠페인, 농민개혁을 위한 글로벌 캠페인 등을 수행하고 있다.

4) CFC Center for Food Safety(식품안전센터) : 미국에 본부를 둔 비영리 단체로서 1997년에 설립되었다. 유전자조작식품으로부터 인간의 건강과 환경을 보호하는 것에 주된 목적을 가지고 있다. 식품 안전 센터는 "사회적으로 정의롭고 민주적이고 지속가능한 식품 시스템 구축"에 전념하는 풀뿌리 행동 네트워크라고 할 수 있으며, 세계적으로 70만 명 이상의 회원을 보유하고 있다.

세계 농부 네트워크가 주는 좋은 점

─── 이런 국내외 농부조직들과 함께 연대하면 세계의 농업이 나아가야 할 올바른 목표를 함께 만들어갈 수 있다. 또한 세계 농업인들이 서로 친구요 동지요 가족처럼 지낼 수 있다. 그리고 상호교류를 통해 서로 배우고 나눌 수 있으며, 좋은 인맥을 확대하고 새로운 관계를 형성해갈 수 있다. 연대와 교류를 통해 각 나라의 농업정책을 비교해볼 수 있고 자국에 장점들을 소개함으로써 각 나라의 농업정책을 변화시켜갈 수 있는 길도 열린다.

맺는 마당

| 훌륭한 농부로 사는 길 |

훌륭한 농부로 살아가는 길은 다양할 수 있을 것이다. 자기 나름의 농업에 대한 철학과 가치관이 있어야 하고, 훌륭한 점에 대한 평가 기준이 필요할 것이다. 여기에 제시하는 내용은 다른 훌륭한 농부들의 책과 자료를 읽고 참고하며 오래도록 생명농업으로 농사지어온 나 자신이 내린 결론일 뿐이다. 여러분들도 각자 훌륭한 농부로 사는 길에 대한 자신의 생각과 관점을 정리해보면 많은 도움이 될 것이다.

경제적 농민(경영인)

───── 우선 좋은 농민은 좋은 경영인이 되어야 한다. 경영인이라고 하니까

상업적 농업을 생각할 수도 있겠지만 그렇지는 않다. 생명농업을 하는 농민도 자신의 가족의 생계를 해결할 뿐 아니라 세월이 갈수록 더욱 윤택한 삶을 살아갈 수 있도록 비전과 계획을 세우고 농사를 지어갈 필요가 있다.

좋은 경영인이 되자면 현재 자신의 농사현황을 잘 파악하고 정리해야 한다. 다음으로는 연간 농사계획을 세워야 한다. 월별 계획과 주간 계획도 세우고, 농사에 필요한 종자와 도구, 좋은 옥토 만들기 등 필요한 것들을 적어두어야 한다. 또한 매일 매일 농사와 관련된 농사일지를 기록하는 일도 중요하다. 매년 농사일지를 잘 기록하다 보면 때가 되면 무엇을 해야 하는지, 농사에 필요한 것들이 무엇인지도 잘 알 수 있다. 또 새로운 해의 농사계획을 세우는 데도 많은 도움이 될 것이다.

농사와 가계생활에 필요한 재정장부를 기록하는 것도 중요하다. 재정장부 없이 주먹구구식으로 농사를 지어가서는 결코 훌륭한 농민이 되기 어렵다. 농사에 들어갈 종자비용이나 퇴비재료 혹은 농기구 등을 구입한 비용, 판매비용이나 운송비용 등도 꼼꼼히 적어둘 필요가 있다.

농사수첩도 필요하다. 자신의 농사와 관련된 각종 아이디어가 떠오를 때 열심히 메모해두면 더 좋은 경영인이 되어갈 수 있다. 이런 기록들을 통해 점점 더 좋은 경영인이 되어가는 자신을 발견할 수도 있을 것이다. 농업기술센터에서 하는 정기적인 교육을 통해 도움을 받을 수 있을 것이다.

기술적 농민(전문인)

——— 훌륭한 농민이 되려면 농사와 작물에 대한 전문적인 지식을 가져야한다. 오래 농사를 지었어도 농사에 대한 전문성을 갖지 못하고 농약방이나 다른 지도자들의 도움을 받기만 해서는 결코 훌륭한 농민이 될 수 없다. 전문가가 되기 위해서는 부단히 배우고 학습하고 생각하며 실천해야 한다. 자신이 배우고 생각하고 실천한 내용들을 학습장에 기록하고, 새로운 지식과 깨달음을 얻을 때마다 추가해간다. 그러면 몇 년 지나지 않아 자신의 분야에 대해 전문성을 인정받게 될 것이다. 어떤 병충해가 오면 어떤 자연농약을 사용해야 하며, 작물의 자연저항력을 어떻게 키워줄 수 있는지에 대해서도 전문가가 될 것이다. 생명농업 분야에서 그런 전문성을 갖게 되면 다른 농민들을 도울 수도 있고, 더 가난한 다른 나라들의 농민들에게 가서 지도하는 봉사활동도 할 수 있다. 자신의 분야에서 최고의 전문가가 되는 일은 참 멋진 일이다. 다른 이들에게 인정받을 수 있는 길이 되기도 하고 더 많은 농민들은 생명농업에로 안내할 수 있는 방안이 될 수 있을 것이다.

예술적 농민(예술인)

——— 농사를 짓다보면 수많은 어려움과 기쁜 일들을 만나게 된다. 싹이 트는 모습을 보며 환호를 지르고, 성장해가는 모습을 보느라 기쁨에 젖기도 한다.

그럴 때 그 순간을 그냥 넘어가지 않고 글로 기록해두면 좋겠다. 그 글이 수필이어도 좋고, 시로 표현되어도 좋다. 한 편 두 편 글을 써 나가다보면 어느 새 농민 자신이 시인도 되고 수필가가 되어 있는 모습을 발견하게 될 것이다.

뿐만 아니라 자신의 농작물을 예술품으로 생각하며 키워갈 필요가 있다. 예술인들이 자신의 작품에 애정을 가지고 최선을 다하듯이 농민도 자신의 농사를 예술작품처럼 잘 키워낼 필요가 있다. 단순한 농민이기보다 농민이면서 시인이요, 농민이면서 수필가인 인물을 만나면 다시 보게 될 것이다. 뿐만 아니라 자신의 농사를 예술품으로 생각할 만큼 프로의식을 가진 농민을 만나면 그것만으로도 신뢰와 존경을 보내게 될 것이다.

철학적 농민(사상가)

───── 훌륭한 농민의 또 다른 길은 철학적 농민이 되는 것이다. 철학적 농민이란 농사를 지으면서도 자기 나름의 사상과 세계관을 가진 농민을 말한다. 아무리 좋은 기술과 방법을 지니고 있다고 하더라도 세계를 보고 해석하는 올바른 세계관을 가지고 있지 못하면 신념이 확고해지기 어렵고 유혹과 시련이 찾아오면 입장을 바꿀 가능성도 있다. 농사와 세계관과 인생관이 하나로 통일되어 있지 못하면 좋은 말이나 행동을 하는 것 같은 데도 앞뒤가 맞지 않거나 중언부언하게 되는 경우가 많다. 올바른 관점을 가진 농민은 사람과 사물과 사

건에 대해서 일관된 해석과 실천을 해나가는 통일성을 지니게 된다. 그런 농민을 만나게 되면 정말로 존경과 사랑을 표현하게 될 것이다.

신앙적 농민(신앙인)

———— 좋은 경영인이 되고, 자기 분야의 전문성을 지니며, 자신의 농사를 예술로 승화시키는 예술가가 되고, 올바른 세계관과 철학을 지닌 사상가 농민이 된다면 그 위에 어떤 것이 더 필요하겠는가? 그러나 정말 훌륭한 농민은 또 다른 한 차원을 지니고 있어야 한다. 농사는 내가 짓는 것이 아니라 자연과 하늘이 함께 짓는 것이라 했다. 따라서 나의 농사는 이 세상을 아름답게 만들어 가려고 애쓰시는 하나님 뜻을 헤아리고 그의 뜻에 함께 발맞추어 나갈 때 참된 의미를 지닌다. 내가 위대하고 잘 나서 농사를 잘 짓는 것이 아니라 이 세상을 위한 더 큰 뜻에 나를 맡기고 그 중의 한 역할을 맡은 자로 자각하며 농사하는 것이 진정한 농민의 길이다. 이 땅에서 살아가는 모든 농민들이 이런 신앙을 가지고 살아간다면 우리 사는 세상이 참 따뜻하고 아름다운 세상이 될 것이다. 농사를 지을수록 점점 더 멸망으로 가는 것이 아니라 지속가능한 아름다운 지구촌이 만들어져 갈 것이다.

자연에서 보고 배우는 생명농업

생명농업의 원리와 방법

초판 인쇄 2021년 3월 2일
초판 발행 2021년 3월 15일

지은이 | 정호진
펴낸이 | 천정한
편집 | 김선우
디자인 | 유혜현 박애영

펴낸곳 | 도서출판 정한책방
출판등록 | 출판등록 2019년 4월 10일 제2019-000036호
주소 | 서울 은평구 갈현로11가길 19 효성 303호
　　　충북 괴산군 청천면 청천10길 4(충북사무소)
전화 | 070-7724-4005 팩스 | 02-6971-8784
블로그 | http://blog.naver.com/junghanbooks
이메일 | junghanbooks@naver.com

ISBN 979-11-87685-54-8 03520